钻井液使用与维护
学生指导手册

唐丽　毛程　陈红均　编著

中国石化出版社

图书在版编目（CIP）数据

钻井液使用与维护：学生指导手册/唐丽，毛程，陈红均编著．
—北京：中国石化出版社，2017.7（2021.12 重印）
ISBN 978-7-5114-4511-7

Ⅰ．①钻… Ⅱ．①唐… ②毛… ③陈… Ⅲ．①钻井液-高等职业教育-教学参考资料 Ⅳ．①TE254

中国版本图书馆 CIP 数据核字（2017）第 146140 号

中国石化出版社出版发行
地址：北京市东城区安定门外大街 58 号
邮编：100011 电话：（010）57512500
发行部电话：（010）57512575
http：//www.sinopec-press.com
E-mail：press@sinopec.com
北京富泰印刷有限责任公司印刷
全国各地新华书店经销
*
787×1092 毫米 16 开本 8.5 印张 60 千字
2017 年 8 月第 1 版 2021 年 12 月第 2 次印刷
定价：22.00 元

前　言

克拉玛依职业技术学院作为国家第二批立项建设的42所国家示范性高等职业学院之一，一直十分重视专业建设及课程改革。近年来，我校在借鉴国内外课程开发模式的基础上，对油田化学应用技术专业核心课程进行了基于工作过程导向的重新开发，建设了一批符合高职改革发展需要、适合于高职高专学生学习特点，基于工作过程导向的特色教材。

本书根据《钻井液使用与维护》教程设置的8个学习情境，紧密结合石油企业钻井液工职业技能鉴定和高职教育的教学特点及学生实际，融合钻井液工生产操作职业资格标准，基于工作过程确定内容框架，相配套的设置了学生学习的39个工作任务。学生在完成工作任务后，能提高对钻井液使用与维护课程的理解能力，并能掌握和提高钻井液技术的实践操作技能。

本书是高职高专特色专业钻井液使用与维护课程的配套教材，供课程理实一体化教学时使用。本书根据《钻井液使用与维护》教程的学习情境开发了相对应的学习工作任务，体现了高职高专油田化学应用技术专业改革和课程建设的最新成果。本书可作为高等职业、中等职业学校油田化学应用技术专业钻井液使用与维护课程的配套教材，也可供从事钻井液生产操作的专业技术人员、生产操作工及管理人员参考使用。

本书主要内容由克拉玛依职业技术学院唐丽副教授编写。克拉玛依职业技术学院毛程老师和陈红均老师也参与了编写，并为本书的编写提供了大量的资料，提出了宝贵的指导意见，在此一并向他们表示感谢。

本教材的编审工作得到学院王和院长和付梅莉副院长的指导和大力支持，在此表示诚挚的谢意。

由于作者编著水平有限，书中不妥和错误之处在所难免，敬请读者批评指正。

目　　录

学生工作页

专业：　　　　　班级：　　　　　　项目同组人：　　　　　　20　　年　月　日

学习领域	钻井液的使用与维护	
学习情境 1	黏土矿物的晶体构造	
工作任务 1	巡回检查	
工作要求	理论要求	掌握钻井液的功用、组成；黏土胶体化学基础；配浆黏土的结构特点
	技能要求	了解巡回检查路线和各检查点的要求
工作重点	黏土矿物的结构特点、巡回检查路线及搅拌机的使用要点	
工作难点	黏土矿物的结构特点及巡回检查路线的具体检查点检查内容	
关键技能	巡回检查路线的具体检查点检查内容	
操作要点	巡回检查路线、搅拌机的使用	
注意事项	1. 钻井液报表记录及时、齐全、准确，各种仪器清洁完好马达运转正常，药品、液量充足 2. 振动筛工作良好，筛布完好无损砂泵运转正常，底流呈伞状，工作压力在 0. 15 ~0. 25MPa 之间 3. 循环罐无杂物，管线连接良好加重管线系统配备齐全，闸门灵活，喷嘴畅通 4. 处理剂摆放合理，进出库记录准确无误	
新课学习条件	理论储备	《油田基础化学》《石油地质基础》的相关知识
	技能准备	在兼职教师的指导下进行泥浆工岗位的认知

<table>
<tr><td rowspan="5">新课内容</td><td>新课导入</td><td>播放视频或案例讲解，导入新课</td></tr>
<tr><td>工作步骤及要求</td><td>1. 观看钻井液循环动画，小组讨论分析钻井液的功用并记录

2. 填表
<table>
<tr><th>矿物名称</th><th>晶　型</th><th>晶层间距</th><th>层间引力</th><th>黏土矿物特点</th></tr>
<tr><td>高岭石</td><td></td><td></td><td></td><td></td></tr>
<tr><td>蒙脱石</td><td></td><td></td><td></td><td></td></tr>
<tr><td>伊利石</td><td></td><td></td><td></td><td></td></tr>
</table>
3. 搅拌机的使用要点

4. 写出钻井液巡回路线的路线及各检查点检查的具体内容</td></tr>
<tr><td>工作任务</td><td></td></tr>
<tr><td>注意事项</td><td></td></tr>
<tr><td>评价小结</td><td></td></tr>
</table>

考核评价表

评价内容		分值	权重
过程评价	钻井液的功用、黏土矿物的结构特点（认知能力）	20	60%
	掌握搅拌机的使用要点，了解巡回检查路线（技能水平、操作规范）	40	
	方法能力考核（制定计划或报告能力）	15	
	职业素质考核（“5S”与出勤执行情况）	15	
	团队精神考核（团队成员平均成绩）	10	
期末考评	期末理论考试（联系生产实际问题、职业技能证书考核中的“应知”内容）	100	40%

教学评价页

专业：　　　　班级：　　　　　　项目负责人：　　　　　　20　　年　月　日

学习领域				
项目（课题）				
组长姓名		同组人		
项　次	内　　容	分　值	学生自评	老师评价
1				
2				
3				
4				
5				

学生工作页

专业：　　　　班级：　　　　　　　　项目同组人：　　　　　　20　　年　月　日

<table>
<tr><td>学习领域</td><td colspan="2">钻井液的使用与维护</td></tr>
<tr><td>学习情境2</td><td colspan="2">黏土—水胶体化学基础</td></tr>
<tr><td>工作任务1</td><td colspan="2">黏土—水胶体稳定性</td></tr>
<tr><td rowspan="2">工作要求</td><td>理论要求</td><td>掌握黏土—水胶体稳定性及影响因素</td></tr>
<tr><td>技能要求</td><td>掌握黏土—水胶体分散体系的稳定性分析方法</td></tr>
<tr><td>工作重点</td><td colspan="2">黏土矿物的电性；黏土的水化性及影响因素</td></tr>
<tr><td>工作难点</td><td colspan="2">理解扩散双电层理论；理解黏土—水胶体稳定性</td></tr>
<tr><td>关键技能</td><td colspan="2">电解质溶液加入量的准确性（浓度和化合价）</td></tr>
<tr><td>操作要点</td><td colspan="2">振摇的次数和放置的时间</td></tr>
<tr><td>注意事项</td><td colspan="2">1. 振摇的次数和放置的时间
2. 电解质溶液浓度的准确性和一价、二价、三价相同电解质浓度的准确配制</td></tr>
<tr><td rowspan="2">新课学习条件</td><td>理论储备</td><td>《油田基础化学》中的知识；扩散双电层理论</td></tr>
<tr><td>技能准备</td><td>实训常规技能，在教师的指导下进行操作</td></tr>
<tr><td rowspan="2">新课内容</td><td>新课导入</td><td>播放视频或案例讲解，导入新课</td></tr>
<tr><td>工作步骤及要求</td><td>1. 影响电动电位的主要因素是什么？</td></tr>
</table>

新课内容	工作步骤及要求	2. 什么是动力学稳定性和聚结稳定性？其影响因素是什么？
	工作任务	
	注意事项	
	评价小结	

考核评价表

评价内容		分值	权重
过程评价	不同浓度的电解质对黏土—水胶体稳定性的影响操作步骤（技能水平、操作规范）	20	60%
	同一电解质不同化合价对黏土—水胶体稳定性的影响（技能水平、操作规范）	40	
	方法能力考核（制定计划或报告的能力）	15	
	职业素质考核（“5S”与出勤执行情况）	15	
	团队精神考核（团队成员平均成绩）	10	
期末考评	期末理论考试（联系生产实际问题、职业技能证书考核中的“应知”内容）	100	40%

教学评价页

专业：　　　班级：　　　项目负责人：　　　20　　年　月　日

学习领域				
项目（课题）				
组长姓名		同组人		
项　次	内　　容	分　值	学生自评	老师评价
1				
2				
3				
4				
5				

学生工作页

专业：　　　　班级：　　　　　　项目同组人：　　　　　　20　　年　月　日

<table>
<tr><td>学习领域</td><td colspan="2">钻井液的使用与维护</td></tr>
<tr><td>学习情境 3</td><td colspan="2">钻井液常规性能的测量和调控操作</td></tr>
<tr><td>工作任务 1</td><td colspan="2">钻井液密度的测定</td></tr>
<tr><td rowspan="2">工作要求</td><td>理论要求</td><td>掌握钻井液密度的定义，与钻井工作的关系及调控方法</td></tr>
<tr><td>技能要求</td><td>能使用各种钻井液密度测定仪测定钻井液密度并能进行调控</td></tr>
<tr><td>工作重点</td><td colspan="2">钻井液密度的测定</td></tr>
<tr><td>工作难点</td><td colspan="2">钻井液密度仪的校正</td></tr>
<tr><td>关键技能</td><td colspan="2">钻井液密度的测定操作步骤</td></tr>
<tr><td>操作要点</td><td colspan="2">钻井液密度的测定操作要点</td></tr>
<tr><td>注意事项</td><td colspan="2">1. 经常保持仪器清洁干净，特别是钻井液杯，每次用完后应冲洗干净，以免生锈或黏有固体物质，影响数据准确性
2. 要经常用规定的清水校正密度计，尤其在钻进高压油、气、水层等复杂地层时，更应经常校正，保证所提供数据的准确性</td></tr>
<tr><td rowspan="2">新课学习条件</td><td>理论储备</td><td>钻井液密度的定义，与钻井工作的关系及调控方法</td></tr>
<tr><td>技能准备</td><td>了解钻井液密度计的结构及工作原理</td></tr>
<tr><td rowspan="2">新课内容</td><td>新课导入</td><td>播放视频或案例讲解，导入新课</td></tr>
<tr><td>工作步骤及要求</td><td>1. 指出钻井液密度计的结构
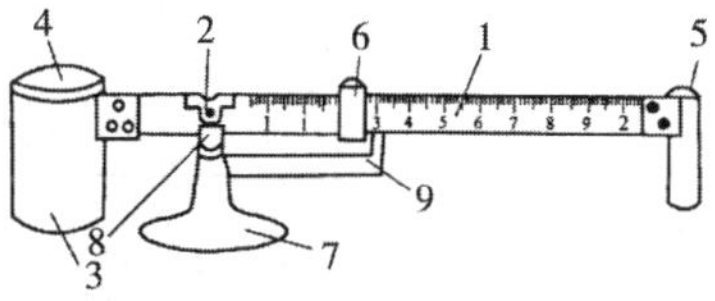
</td></tr>
</table>

新课内容	工作步骤及要求	2. 校正钻井液密度计 工具： 材料： 操作步骤： 3. 测定储存在钻井液池中的钻井液密度 步骤： 测量数据：密度/（g/cm^3）： 4. 测量结束后，发现测量值与钻进工艺要求的值不符，如何进行调整？ 提高密度的方法： 降低密度的方法：
	工作任务	
	注意事项	
	评价小结	

考核评价表

评 价 内 容		分值	权重
过程评价	钻井液密度计校正技能考核（技能水平、操作规范）	20	60%
	钻井液密度测定技能考核（技能水平、操作规范）	40	
	方法能力考核（制定计划或报告能力）	15	
	职业素质考核（“5S”与出勤执行情况）	15	
	团队精神考核（团队成员平均成绩）	10	
期末考评	期末理论考试（联系生产实际问题、职业技能证书考核中的“应知”内容）	100	40%

教学评价页

专业：　　　　　班级：　　　　　　　　　项目负责人：　　　　　　　20　　年　月　日

学习领域				
项目（课题）				
组长姓名		同组人		
项　次	内　　容	分　值	学生自评	老师评价
1				
2				
3				
4				
5				

学生工作页

专业：　　　　班级：　　　　项目同组人：　　　　20　　年　月　日

学习领域	钻井液的使用与维护	
学习情境3	钻井液常规性能的测量和调控操作	
工作任务2	钻井液漏斗黏度测定	
工作要求	理论要求	掌握钻井液漏斗的定义测定和调控方法
	技能要求	能使用漏斗黏度计测定钻井液漏斗黏度并能进行调控
工作重点	钻井液漏斗黏度的测定	
工作难点	钻井液漏斗黏度的校正，测定钻井液的漏斗黏度	
关键技能	钻井液漏斗黏度的校正和测定操作	
操作要点	马氏漏斗黏度测定仪测定漏斗黏度的操作步骤	
注意事项	1. 测量前必须对仪器进行校正 2. 测量用的钻井液要充分搅拌，且必须通过筛网过滤 3. 注入漏斗的钻井液量必须是1500mL，否则会影响测量结果的准确性	
新课学习条件	理论储备	钻井液流变性的相关知识
	技能准备	了解马氏漏斗黏度计的结构及工作原理
新课内容	新课导入	播放视频或案例讲解，导入新课
	工作步骤及要求	1. 校正漏斗黏度计 工具：

<table>
<tr><td rowspan="4">新课内容</td><td>工作步骤
及要求</td><td>材料：

操作步骤：

2. 漏斗黏度的测定
操作步骤：

测量数据：漏斗黏度/s：

3. 测量值若与工艺要求不符，应该如何进行调整？
提高漏斗黏度的方法：

降低漏斗黏度的方法：</td></tr>
<tr><td>工作任务</td><td></td></tr>
<tr><td>注意事项</td><td></td></tr>
<tr><td>评价小结</td><td></td></tr>
</table>

考核评价表

评价内容		分值	权重
过程评价	马氏漏斗黏度计校正技能考核（技能水平、操作规范）	20	60%
	钻井液漏斗黏度的测定技能考核（技能水平、操作规范）	40	
	方法能力考核（制定计划或报告能力）	15	
	职业素质考核（“5S”与出勤执行情况）	15	
	团队精神考核（团队成员平均成绩）	10	
期末考评	期末理论考试（联系生产实际问题、职业技能证书考核中的“应知”内容）	100	40%

教学评价页

专业：　　　　班级：　　　　项目负责人：　　　　20　　年　月　日

学习领域				
项目（课题）				
组长姓名		同组人		
项　次	内　　容	分　值	学生自评	老师评价
1				
2				
3				
4				
5				

学生工作页

专业：　　　　　班级：　　　　　　　　项目同组人：　　　　　　20　　年　月　日

学习领域	钻井液的使用与维护	
学习情境 3	钻井液常规性能的测量和调控操作	
工作任务 3	钻井液流变参数的测量与计算	
工作要求	理论要求	掌握钻井液流变性相关理论知识
	技能要求	能使用钻井液六速旋转黏度计测定钻井液流变参数，并能计算和控制之
工作重点	钻井液流变参数的测量与计算	
工作难点	钻井液流变参数的测量与计算及调控方法	
关键技能	钻井液流变参数的测量与计算	
操作要点	六速旋转黏度计测定流变参数的操作要点	
注意事项	1. 测定前要检查仪器内、外筒是否清洁，有无损伤用手轻转悬垂，松手后应自动回零，外筒转动灵活、不摆动若偏摆量超过 0.5mm，应将外筒取下重装 2. 各剪切速率下的测量，应从高速到低速逐渐进行，所取数值要等刻度盘稳定后再读取 3. 用 $\phi 3$ 测定初切与终切时的值，所取数值应是刻度盘上最大扭矩值 4. 调零	
新课学习条件	理论储备	钻井液流变性相关理论知识
	技能准备	了解钻井液六速旋转黏度计的结构及工作原理
新课内容	新课导入	播放视频或案例讲解，导入新课
	工作步骤及要求	1. 钻井液流变参数的测定 仪器和材料：

<table>
<tr><td rowspan="4">新课内容</td><td>工作步骤及要求</td><td>操作步骤：

数据记录及处理：
①塑性黏度/（mPa・s）：
②动切力/Pa：
③假塑性流体流变性指数（n）：
④假塑性流体稠度系数/（$Pa \cdot s^n$）：
⑤初切力/Pa：
⑥终切力/Pa：

2. 钻井液塑性黏度的测量值与设计值有差距，无法满足钻进工艺的要求，如何进行调整？

3. 钻井液动切力测量值与设计值有差距，无法满足钻进工艺的要求，如何进行调整？

4. 钻井液流性指数测量值与设计值有差距，无法满足钻进工艺的要求，如何进行调整？</td></tr>
<tr><td>工作任务</td><td></td></tr>
<tr><td>注意事项</td><td></td></tr>
<tr><td>评价小结</td><td></td></tr>
</table>

考核评价表

<table>
<tr><th colspan="2">评 价 内 容</th><th>分值</th><th>权重</th></tr>
<tr><td rowspan="5">过程评价</td><td>六速旋转黏度计结构、工作原理（认知能力）</td><td>20</td><td rowspan="5">60%</td></tr>
<tr><td>使用使用六速旋转黏度计测定钻井液流变参数（技能水平、操作规范）</td><td>40</td></tr>
<tr><td>方法能力考核（制定计划或报告能力）</td><td>15</td></tr>
<tr><td>职业素质考核（“5S”与出勤执行情况）</td><td>15</td></tr>
<tr><td>团队精神考核（团队成员平均成绩）</td><td>10</td></tr>
<tr><td>期末考评</td><td>期末理论考试（联系生产实际问题、职业技能证书考核中的“应知”内容）</td><td>100</td><td>40%</td></tr>
</table>

教学评价页

专业：　　　　班级：　　　　项目负责人：　　　　20　　年　月　日

<table>
<tr><td>学习领域</td><td colspan="4"></td></tr>
<tr><td>项目（课题）</td><td colspan="4"></td></tr>
<tr><td>组长姓名</td><td></td><td>同组人</td><td></td><td></td><td></td></tr>
<tr><td>项　次</td><td colspan="2">内　　容</td><td>分　值</td><td>学生自评</td><td>老师评价</td></tr>
<tr><td>1</td><td colspan="2"></td><td></td><td></td><td></td></tr>
<tr><td>2</td><td colspan="2"></td><td></td><td></td><td></td></tr>
<tr><td>3</td><td colspan="2"></td><td></td><td></td><td></td></tr>
<tr><td>4</td><td colspan="2"></td><td></td><td></td><td></td></tr>
<tr><td>5</td><td colspan="2"></td><td></td><td></td><td></td></tr>
<tr><td></td><td colspan="2"></td><td></td><td></td><td></td></tr>
<tr><td></td><td colspan="2"></td><td></td><td></td><td></td></tr>
<tr><td></td><td colspan="2"></td><td></td><td></td><td></td></tr>
<tr><td></td><td colspan="2"></td><td></td><td></td><td></td></tr>
<tr><td></td><td colspan="2"></td><td></td><td></td><td></td></tr>
</table>

学生工作页

专业：　　　班级：　　　项目同组人：　　　20　　年　月　日

<table>
<tr><td>学习领域</td><td colspan="2">钻井液的使用与维护</td></tr>
<tr><td>学习情境 3</td><td colspan="2">钻井液常规性能的测量和调控操作</td></tr>
<tr><td>工作任务 4</td><td colspan="2">钻井液的滤失造壁性测定</td></tr>
<tr><td rowspan="2">工作要求</td><td>理论要求</td><td>掌握钻井液滤失造壁性的相关理论知识</td></tr>
<tr><td>技能要求</td><td>能使用 API 滤失仪测定滤失性能</td></tr>
<tr><td>工作重点</td><td colspan="2">钻井液滤失造壁性能的测定</td></tr>
<tr><td>工作难点</td><td colspan="2">钻井液滤失造壁性能的测定和调控</td></tr>
<tr><td>关键技能</td><td colspan="2">钻井液滤失造壁性能的测定和调控</td></tr>
<tr><td>操作要点</td><td colspan="2">钻井液滤失造壁性能的测定步骤</td></tr>
<tr><td>注意事项</td><td colspan="2">1. 钻井液杯内钻井液注入量为 240mL
2. 测定用气多用二氧化碳气体、氮气或空气，禁用氧气和氢气
3. 测定时要严格按照操作程序，测定完毕后关闭气源排掉余气，然后再拆卸仪器
4. 测定时间为 7. 5min 时，读取的滤失体积和量取的泥饼厚度都要乘以 2 作为测量结果若测定时间为 30min，读取的滤失体积和量取的泥饼厚度就是所测钻井液的滤失量和滤饼厚度</td></tr>
<tr><td rowspan="2">新课学习条件</td><td>理论储备</td><td>钻井液滤失造壁性能的相关理论知识</td></tr>
<tr><td>技能准备</td><td>了解钻井液常用 API 滤失仪的结构及工作原理</td></tr>
<tr><td rowspan="2">新课内容</td><td>新课导入</td><td>播放视频或案例讲解，导入新课</td></tr>
<tr><td>工作步骤及要求</td><td>1. 钻井液的 API 滤失量测定
材料和工具清单：</td></tr>
</table>

<table>
<tr><td rowspan="4">新课内容</td><td>工作步骤
及要求</td><td>操作步骤：

数据记录：API 滤失量/mL：

2. 测量结束发现，钻井液 API 滤失量大于设计值，此时该如何降低钻井液的滤失量？</td></tr>
<tr><td>工作任务</td><td></td></tr>
<tr><td>注意事项</td><td></td></tr>
<tr><td>评价小结</td><td></td></tr>
</table>

考核评价表

评 价 内 容		分值	权重
过程评价	API 中压滤失仪结构、工作原理（认知能力）	60	60%
	测定钻井液的滤失性能操作技能考核（技能水平、操作规范）	15	
	方法能力考核（制定计划或报告能力）	15	
	职业素质考核（“5S”与出勤执行情况）	10	
	团队精神考核（团队成员平均成绩）	10	
期末考评	期末理论考试（联系生产实际问题、职业技能证书考核中的“应知”内容）	100	40%

教学评价页

专业：　　　　班级：　　　　　　项目负责人：　　　　　20　　年　月　日

学习领域				
项目（课题）				
组长姓名	同组人			
项　次	内　　容	分　值	学生自评	老师评价
1				
2				
3				
4				
5				

学生工作页

专业：　　　　班级：　　　　　　　项目同组人：　　　　　　20　　年　月　日

<table>
<tr><td>学习领域</td><td colspan="2">钻井液的使用与维护</td></tr>
<tr><td>学习情境 3</td><td colspan="2">钻井液常规性能的测量和调控操作</td></tr>
<tr><td>工作任务 5</td><td colspan="2">钻井液润滑性能的测定</td></tr>
<tr><td rowspan="2">工作要求</td><td>理论要求</td><td>掌握钻井液润滑性的相关理论知识</td></tr>
<tr><td>技能要求</td><td>能使用滑板式泥饼黏附系数测定仪测定钻井液的润滑性能</td></tr>
<tr><td>工作重点</td><td colspan="2">滑板式泥饼黏附系数测定仪测定和调控钻井液的润滑性操作步骤</td></tr>
<tr><td>工作难点</td><td colspan="2">测定钻井液润滑性的操作步骤及润滑性能的调控方法</td></tr>
<tr><td>关键技能</td><td colspan="2">测定钻井液润滑性的操作步骤及润滑性能的调控方法</td></tr>
<tr><td>操作要点</td><td colspan="2">泥饼黏附系数测定仪测定钻井液的润滑性的操作要点</td></tr>
<tr><td>注意事项</td><td colspan="2">1. 滑板式泥饼黏附系数测定仪测定钻井液的润滑性的操作步骤
2. 调平</td></tr>
<tr><td rowspan="2">新课学习条件</td><td>理论储备</td><td>钻井液润滑性的相关理论知识</td></tr>
<tr><td>技能准备</td><td>了解滑板式泥饼黏附系数测定仪的结构及工作原理</td></tr>
<tr><td rowspan="2">新课内容</td><td>新课导入</td><td>播放视频或案例讲解，导入新课</td></tr>
<tr><td>工作步骤及要求</td><td>1. 钻井液滤饼黏附系数的测定
材料和工具清单：</td></tr>
</table>

<table>
<tr><td rowspan="4">新课内容</td><td>工作步骤
及要求</td><td>操作步骤：

数据记录：黏附系数为</td></tr>
<tr><td>工作任务</td><td></td></tr>
<tr><td>注意事项</td><td></td></tr>
<tr><td>评价小结</td><td></td></tr>
</table>

考核评价表

评 价 内 容		分值	权重
过程评价	钻井液滤饼黏附系数测定仪的结构及工作原理（认知能力）	20	60%
	测定操作技能考核（技能水平、操作规范）	40	
	方法能力考核（制定计划或报告能力）	15	
	职业素质考核（“5S”与出勤执行情况）	15	
	团队精神考核（团队成员平均成绩）	10	
期末考评	期末理论考试（联系生产实际问题、职业技能证书考核中的“应知”内容）	100	40%

教学评价页

专业：　　　　　班级：　　　　　　　项目负责人：　　　　　　20　　年　月　日

学习领域					
项目（课题）					
组长姓名		同组人			
项　次	内　　容		分　值	学生自评	老师评价
1					
2					
3					
4					
5					

学生工作页

专业：　　　　班级：　　　　　　　项目同组人：　　　　　　20　　年　月　日

学习领域	钻井液的使用与维护	
学习情境 3	钻井液常规性能的测量和调控操作	
工作任务 6	钻井液 pH 值、碱度、钻井液含砂量的测定	
工作要求	理论要求	掌握 pH 值、碱度、含砂量的定义、测定方法、调控方法及与钻井工作的关系
	技能要求	能使用各种钻井液性能测定仪测定 pH 值、碱度、含砂量
工作重点	pH 值、碱度、含砂量的定义、测定方法、调控方法	
工作难点	碱度的测定和调控方法	
关键技能	含砂量的测定方法	
操作要点	pH 值、碱度、含砂量的测定方法	
注意事项	1. pH 值、碱度滴定终点的确定 2. pH 值、碱度、含砂量的操作步骤 3. 点滴方式滴定 4. 同一水样中 HCO_3^- 和 CO_3^{2-} 不可能同时存在	
新课学习条件	理论储备	pH 值、碱度、含砂量的定义、测定、调控方法
	技能准备	熟练滴定分析操作，了解含砂仪的结构
新课内容	新课导入	播放视频或案例讲解，导入新课
	工作步骤及要求	1. 测定 pH 值和碱度 仪器和材料： 操作步骤：

<table>
<tr><td rowspan="4">新课内容</td><td>工作步骤
及要求</td><td>数据记录：pH 值为

2. 测定碱度
仪器和材料：

操作步骤：

数据记录：酚酞碱度 P_f =
甲基橙碱度 M_f =
碱度 P_m =
3. 测量 pH 值与工艺设计值有所差距，应该如何进行调整？

4. 测定含砂量
仪器和材料：

操作步骤：

数据记录/%：</td></tr>
<tr><td>工作任务</td><td></td></tr>
<tr><td>注意事项</td><td></td></tr>
<tr><td>评价小结</td><td></td></tr>
</table>

考核评价表

评价内容		分值	权重
过程评价	钻井液 pH 值的测定及 pH 值调整方法考核（认知能力）	20	60%
	钻井液含砂量和碱度测定考核（技能水平、操作规范）	40	
	方法能力考核（制定计划或报告能力）	15	
	职业素质考核（"5S"与出勤执行情况）	15	
	团队精神考核（团队成员平均成绩）	10	
期末考评	期末理论考试（联系生产实际问题，职业技能证书考核中的"应知"内容）	100	40%

教学评价页

专业：　　　　　班级：　　　　　　　　项目负责人：　　　　　　　20　　年　月　日

学习领域					
项目（课题）					
组长姓名		同组人			
项　次	内　　容		分　值	学生自评	老师评价
1					
2					
3					
4					
5					

学生工作页

专业：　　　　班级：　　　　项目同组人：　　　　20　　年　月　日

<table>
<tr><td>学习领域</td><td colspan="2">钻井液的使用与维护</td></tr>
<tr><td>学习情境3</td><td colspan="2">钻井液常规性能的测量和调控操作</td></tr>
<tr><td>工作任务7</td><td colspan="2">氢氧根、碳酸根及碳酸氢根含量测定实训</td></tr>
<tr><td rowspan="2">工作要求</td><td>理论要求</td><td>掌握碱度的定义、计算及相关理论知识</td></tr>
<tr><td>技能要求</td><td>能使用测定仪测定氢氧根、碳酸根及碳酸氢根的含量</td></tr>
<tr><td>工作重点</td><td colspan="2">氢氧根、碳酸根及碳酸氢根含量的测定</td></tr>
<tr><td>工作难点</td><td colspan="2">氢氧根、碳酸根及碳酸氢根含量的测定及计算</td></tr>
<tr><td>关键技能</td><td colspan="2">氢氧根、碳酸根及碳酸氢根含量的测定方法</td></tr>
<tr><td>操作要点</td><td colspan="2">氢氧根、碳酸根及碳酸氢根含量的测定方法</td></tr>
<tr><td>注意事项</td><td colspan="2">1. 测定前仪器要用蒸馏水清洗
2. 操作应以点滴方式进行
3. 同一水样中 HCO_3^- 和 CO_3^{2-} 不可能同时存在：
$OH^- + HCO_3^- = CO_3^{2-} + H_2O$
4. 酚酞：变色范围 pH = 8.0 ~ 10.0，酸色为无色，碱色为红色，20mL 溶液用量 1 ~ 3 滴
5. 甲基橙：pH = 3.1 ~ 4.4，酸色为红色，碱色为黄色，20mL 溶液用量 1 ~ 2滴</td></tr>
<tr><td rowspan="2">新课学习条件</td><td>理论储备</td><td>碱度的定义、测定与计算方法、调控方法</td></tr>
<tr><td>技能准备</td><td>掌握钻井液常规性能测定仪分析仪器及药品的使用方法</td></tr>
<tr><td rowspan="2">新课内容</td><td>新课导入</td><td>播放视频或案例讲解，导入新课</td></tr>
<tr><td>工作步骤及要求</td><td>1. 氢氧根、碳酸根及碳酸氢根含量测定
仪器和材料：</td></tr>
</table>

<table>
<tr><td rowspan="4">新课内容</td><td>工作步骤
及要求</td><td>操作步骤：

数据记录：

数据记录：酚酞碱度 P_f =
甲基橙碱度 M_f =
碱度 P_m =</td></tr>
<tr><td>工作任务</td><td></td></tr>
<tr><td>注意事项</td><td></td></tr>
<tr><td>评价小结</td><td></td></tr>
</table>

考核评价表

评价内容		分值	权重
过程评价	钻井液氢氧根、碳酸根及碳酸氢根含量测定计算（技能水平、操作规范）	20	60%
	钻井液氢氧根、碳酸根及碳酸氢根含量考核（技能水平、操作规范）	40	
	方法能力考核（制定计划或报告能力）	15	
	职业素质考核（“5S”与出勤执行情况）	15	
	团队精神考核（团队成员平均成绩）	10	
期末考评	期末理论考试（联系生产实际问题、职业技能证书考核中的“应知”内容）	100	40%

教学评价页

专业：　　　　班级：　　　　项目负责人：　　　　20　　年　月　日

学习领域				
项目（课题）				
组长姓名		同组人		
项　次	内　　容	分　值	学生自评	老师评价
1				
2				
3				
4				
5				

学生工作页

专业：　　　　班级：　　　　　　项目同组人：　　　　　　20　　年　月　日

<table>
<tr><td>学习领域</td><td colspan="2">钻井液的使用与维护</td></tr>
<tr><td>学习情境3</td><td colspan="2">钻井液常规性能的测量和调控操作</td></tr>
<tr><td>工作任务8</td><td colspan="2">钻井液固相含量的测定</td></tr>
<tr><td rowspan="2">工作要求</td><td>理论要求</td><td>掌握钻井液固相含量的定义、分类、影响因素、调控方法及与钻井工作的关系</td></tr>
<tr><td>技能要求</td><td>能使用油水固相含量分离仪测定和计算钻井液的固相含量</td></tr>
<tr><td>工作重点</td><td colspan="2">使用油水固相含量分离仪测定和计算钻井液的固相含量</td></tr>
<tr><td>工作难点</td><td colspan="2">使用油水固相含量分离仪测定和计算钻井液的固相含量的操作步骤</td></tr>
<tr><td>关键技能</td><td colspan="2">使用油水固相含量分离仪测定和计算钻井液的固相含量的操作步骤</td></tr>
<tr><td>操作要点</td><td colspan="2">50mL 钻井液；蒸馏 15～30min 将 110V 调至 180V</td></tr>
<tr><td>注意事项</td><td colspan="2">1. 取样钻井液必须充分搅拌，若有气泡，需排出气泡后才能取样测定
2. 液杯内注入钻井液后，计量杯盖要慢慢放平，杯盖小孔溢出的钻井液必须擦掉，再慢取杯盖，杯盖上黏附的钻井液应挂回到液杯中，使杯中体积接近 50mL
3. 蒸馏器的冷却，平时测时可自然冷却，示范测时可采用水淋冷却电线插头、加热棒与套筒连接处不能附着水，以免水进入套筒
4. 若通电后蒸馏器不热，可切断电源，检查加热棒与电线母接头是否接触牢固，电源供电是否正常等</td></tr>
<tr><td rowspan="2">新课学习条件</td><td>理论储备</td><td>钻井液固相含量的定义、分类、影响因素、调控方法及与钻井工作的关系</td></tr>
<tr><td>技能准备</td><td>了解油水固相含量分离仪测定结构及工作原理</td></tr>
</table>

<table>
<tr><td rowspan="5">新课内容</td><td>新课导入</td><td>播放视频或案例讲解，导入新课</td></tr>
<tr><td>工作步骤
及要求</td><td>1. 钻井液固相含量的测定
仪器和材料：

操作步骤：

数据记录/%：</td></tr>
<tr><td>工作任务</td><td></td></tr>
<tr><td>注意事项</td><td></td></tr>
<tr><td>评价小结</td><td></td></tr>
</table>

考核评价表

评价内容		分值	权重
过程评价	钻井液固相含量测定仪结构考核（认知能力）	20	60%
	钻井液固相含量测定（技能水平、操作规范）	40	
	方法能力考核（制定计划或报告能力）	15	
	职业素质考核（“5S”与出勤执行情况）	15	
	团队精神考核（团队成员平均成绩）	10	
期末考评	期末理论考试（联系生产实际问题、职业技能证书考核中的“应知”内容）	100	40%

教学评价页

专业：　　　　　班级：　　　　　　　　项目负责人：　　　　　　20　　年　月　日

学习领域					
项目（课题）					
组长姓名		同组人			
项　次	内　　容		分　值	学生自评	老师评价
1					
2					
3					
4					
5					

学生工作页

专业：　　　　　班级：　　　　　　　项目同组人：　　　　　　20　　年　月　日

学习领域	钻井液的使用与维护	
学习情境3	钻井液常规性能的测量和调控操作	
工作任务9	钻井液膨润土含量测定	
工作要求	理论要求	了解膨润土的定义、分类、作用、测定方法及与钻井工作的关系
	技能要求	能使用亚甲基兰法测定并计算膨润土含量
工作重点	亚甲基兰法测定并计算膨润土含量	
工作难点	亚甲基兰法测定并计算膨润土含量	
关键技能	滴定分析技能	
操作要点	每滴0.5mL在滤纸上试色及滴定终点的判断	
注意事项	煮沸时切勿蒸干；滴定终点的判断	
新课学习条件	理论储备	膨润土的定义、分类、作用、测定方法及与钻井工作的关系
	技能准备	滴定分析技能
新课内容	新课导入	播放视频或案例讲解，导入新课
	工作步骤及要求	1. 测定膨润土含量 仪器和材料：

<table>
<tr><td rowspan="4">新课内容</td><td>工作步骤
及要求</td><td>操作步骤：

数据记录/（g/L）：</td></tr>
<tr><td>工作任务</td><td></td></tr>
<tr><td>注意事项</td><td></td></tr>
<tr><td>评价小结</td><td></td></tr>
</table>

考核评价表

评价内容		分值	权重
过程评价	钻井液膨润土含量测定（技能水平、操作规范）	60	60%
	方法能力考核（制定计划或报告能力）	15	
	职业素质考核（“5S”与出勤执行情况）	15	
	团队精神考核（团队成员平均成绩）	10	
期末考评	期末理论考试（联系生产实际问题、职业技能证书考核中的“应知”内容）	100	40%

教学评价页

专业：　　　　班级：　　　　　　　项目负责人：　　　　　20　　年　月　日

学习领域				
项目（课题）				
组长姓名		同组人		
项　次	内　　容	分　值	学生自评	老师评价
1				
2				
3				
4				
5				

学生工作页

专业：　　　　班级：　　　　项目同组人：　　　　20　　年　月　日

<table>
<tr><td>学习领域</td><td colspan="2">钻井液的使用与维护</td></tr>
<tr><td>学习情境 3</td><td colspan="2">钻井液常规性能的测量和调控操作</td></tr>
<tr><td>工作任务 10</td><td colspan="2">钻井液滤液中 Cl^- 含量的测定</td></tr>
<tr><td rowspan="2">工作要求</td><td>理论要求</td><td>掌握钻井液滤液中 Cl^- 含量的测定和计算方法</td></tr>
<tr><td>技能要求</td><td>掌握钻井液滤液中 Cl^- 含量的测定方法（滴定分析）</td></tr>
<tr><td>工作重点</td><td colspan="2">钻井液滤液中 Cl^- 含量的测定和计算方法</td></tr>
<tr><td>工作难点</td><td colspan="2">钻井液滤液中 Cl^- 含量的测定及标准溶液的配制及计算</td></tr>
<tr><td>关键技能</td><td colspan="2">钻井液滤液中 Cl^- 含量的测定方法（滴定分析）</td></tr>
<tr><td>操作要点</td><td colspan="2">标准溶液的配制，滴定终点的确定</td></tr>
<tr><td>注意事项</td><td colspan="2">1. 当加入酚酞指示剂溶液显粉红色，可用移液管逐滴加入 0.02mol HNO_3 溶液，直至颜色消失；如果滤液颜色太深，则边摇边加入 2mL 0.02mol/L H_2SO_4 或 HNO_3 溶液，然后加入 1g 碳酸钙，并摇匀
2. 滴定时要不断摇动锥形瓶
3. 滴定要用点滴方式进行
4. 操作前，需用蒸馏水对所用仪器进行清洗</td></tr>
<tr><td rowspan="2">新课学习条件</td><td>理论储备</td><td>掌握钻井液滤液中 Cl^- 含量的测定和计算方法</td></tr>
<tr><td>技能准备</td><td>掌握钻井液常规性能测定仪的使用、滴定分析技能</td></tr>
<tr><td rowspan="2">新课内容</td><td>新课导入</td><td>播放视频或案例讲解，导入新课</td></tr>
<tr><td>工作步骤及要求</td><td>1. 测定 Cl^- 含量
仪器和材料：</td></tr>
</table>

<table>
<tr><td rowspan="4">新课内容</td><td>工作步骤
及要求</td><td>操作步骤：

数据记录：

Cl^-含量/（mg/L）：

NaCl 含量/（mg/L）：</td></tr>
<tr><td>工作任务</td><td></td></tr>
<tr><td>注意事项</td><td></td></tr>
<tr><td>评价小结</td><td></td></tr>
</table>

考核评价表

评 价 内 容		分值	权重
过程评价	钻井液滤液 Cl^- 含量的测定及计算（技能水平、操作规范）	60	60%
	方法能力考核（制定计划或报告能力）	15	
	职业素质考核（“5S”与出勤执行情况）	15	
	团队精神考核（团队成员平均成绩）	10	
期末考评	期末理论考试（联系生产实际问题、职业技能证书考核中的“应知”内容）	100	40%

教学评价页

专业：　　　　班级：　　　　　　　项目负责人：　　　　　　20　　年　月　日

学习领域				
项目（课题）				
组长姓名		同组人		
项　次	内　　容	分　值	学生自评	老师评价
1				
2				
3				
4				
5				

学生工作页

专业：　　　　班级：　　　　　　项目同组人：　　　　　　20　　年　月　日

学习领域	钻井液的使用与维护	
学习情境3	钻井液常规性能的测量和调控操作	
工作任务11	Ca^{2+}、Mg^{2+}浓度的测定	
工作要求	理论要求	掌握Ca^{2+}、Mg^{2+}浓度的测定及计算公式
	技能要求	掌握Ca^{2+}、Mg^{2+}浓度的测定方法
工作重点	Ca^{2+}、Mg^{2+}浓度的测定及滤液硬度、钻井液硬度及储备硬度的计算方法	
工作难点	滤液硬度、钻井液硬度及储备硬度的计算方法	
关键技能	Ca^{2+}、Mg^{2+}浓度的测定及标准溶液的配制方法	
操作要点	滴定分析方法	
注意事项	1. 在计算样品的浓度时，应注意扣除滴定前EDTA的用量V_0 2. 用EDTA标准溶液滴定时，要逐滴缓慢进行，同时不断摇动锥形瓶，细心观察溶液颜色变化，特别是终点的确定	
新课学习条件	理论储备	滤液硬度、钻井液硬度及储备硬度的测定及计算方法
	技能准备	酸碱式滴定管的使用、滴定分析技能
新课内容	新课导入	播放视频或案例讲解，导入新课
	工作步骤及要求	1. 测定Ca^{2+}、Mg^{2+}含量 仪器和材料：

新课内容	工作步骤及要求	操作步骤： 数据记录： 滤液硬度/（kg/m^3）： 钻井液硬度/（kg/m^3）： 储备硬度/（kg/m^3）：
	工作任务	
	注意事项	
	评价小结	

考核评价表

<table>
<tr><th colspan="2">评 价 内 容</th><th>分值</th><th>权重</th></tr>
<tr><td rowspan="4">过程评价</td><td>钻井液滤液 Ca^{2+}、Mg^{2+} 含量的测定及计算（技能水平、操作规范）</td><td>60</td><td rowspan="4">60%</td></tr>
<tr><td>方法能力考核（制定计划或报告能力）</td><td>15</td></tr>
<tr><td>职业素质考核（“5S”与出勤执行情况）</td><td>15</td></tr>
<tr><td>团队精神考核（团队成员平均成绩）</td><td>10</td></tr>
<tr><td>期末考评</td><td>期末理论考试（联系生产实际问题、职业技能证书考核中的“应知”内容）</td><td>100</td><td>40%</td></tr>
</table>

教学评价页

专业：　　　　班级：　　　　　　项目负责人：　　　　　　20　　年　月　日

<table>
<tr><td>学习领域</td><td colspan="5"></td></tr>
<tr><td>项目（课题）</td><td colspan="5"></td></tr>
<tr><td>组长姓名</td><td></td><td>同组人</td><td></td><td></td><td></td></tr>
<tr><td>项　次</td><td colspan="2">内　　容</td><td>分　值</td><td>学生自评</td><td>老师评价</td></tr>
<tr><td>1</td><td colspan="2"></td><td></td><td></td><td></td></tr>
<tr><td>2</td><td colspan="2"></td><td></td><td></td><td></td></tr>
<tr><td>3</td><td colspan="2"></td><td></td><td></td><td></td></tr>
<tr><td>4</td><td colspan="2"></td><td></td><td></td><td></td></tr>
<tr><td>5</td><td colspan="2"></td><td></td><td></td><td></td></tr>
<tr><td></td><td colspan="2"></td><td></td><td></td><td></td></tr>
<tr><td></td><td colspan="2"></td><td></td><td></td><td></td></tr>
<tr><td></td><td colspan="2"></td><td></td><td></td><td></td></tr>
<tr><td></td><td colspan="2"></td><td></td><td></td><td></td></tr>
<tr><td></td><td colspan="2"></td><td></td><td></td><td></td></tr>
</table>

学生工作页

专业：　　　　班级：　　　　　　　　项目同组人：　　　　　　　　20　　年　月　日

<table>
<tr><td>学习领域</td><td colspan="2">钻井液的使用与维护</td></tr>
<tr><td>学习情境 4</td><td colspan="2">钻井液配浆原材料及处理剂</td></tr>
<tr><td>工作任务 1</td><td colspan="2">配制烧碱溶液</td></tr>
<tr><td rowspan="2">工作要求</td><td>理论要求</td><td>掌握无机处理剂材料及作用机理</td></tr>
<tr><td>技能要求</td><td>掌握处理剂溶液的配制计算，配制程序，配制过程及搅拌机使用方法</td></tr>
<tr><td>工作重点</td><td colspan="2">烧碱溶液配制过程</td></tr>
<tr><td>工作难点</td><td colspan="2">配制烧碱溶液的计算</td></tr>
<tr><td>关键技能</td><td colspan="2">处理剂溶液的配制计算，各组分加入顺序，搅拌时间</td></tr>
<tr><td>操作要点</td><td colspan="2">处理剂溶液的配制计算及烧碱溶液配制过程</td></tr>
<tr><td>注意事项</td><td colspan="2">1. 敲砸烧碱时必须穿戴好劳保用品，以防灼伤有原包装的可直接砸碎，无包装的要盖上草袋等物品再砸，但是砸时不能用力过猛，以防碎块飞溅伤人
2. 开动搅拌机时，要等搅拌机运转正常后方能离开</td></tr>
<tr><td rowspan="2">新课学习条件</td><td>理论储备</td><td>无机处理剂材料及作用机理</td></tr>
<tr><td>技能准备</td><td>溶液配制过程及搅拌机的使用</td></tr>
<tr><td rowspan="2">新课内容</td><td>新课导入</td><td>播放视频或案例讲解，导入新课</td></tr>
<tr><td>工作步骤及要求</td><td>1. 配制 0.1% 烧碱溶液 1000mL，计算所需烧碱的质量</td></tr>
</table>

<table>
<tr><td rowspan="4">新课内容</td><td>工作步骤及要求</td><td>2. 配制烧碱所用的仪器及配制步骤

3. 使用烧碱时的安全注意事项</td></tr>
<tr><td>工作任务</td><td></td></tr>
<tr><td>注意事项</td><td></td></tr>
<tr><td>评价小结</td><td></td></tr>
</table>

考核评价表

评 价 内 容		分值	权重
过程评价	处理剂作用机理知识考核（理解和掌握）	20	60%
	加配制烧碱溶液实训操作考核（技能水平、操作规范）	40	
	方法能力考核（制定计划或报告能力）	15	
	职业素质考核（“5S”与出勤执行情况）	15	
	团队精神考核（团队成员平均成绩）	10	
期末考评	期末理论考试（联系生产实际问题、职业技能证书考核中的“应知”内容）	100	40%

教学评价页

专业： 班级： 项目负责人： 20 年 月 日

学习领域				
项目（课题）				
组长姓名		同组人		
项 次	内 容	分 值	学生自评	老师评价
1				
2				
3				
4				
5				

学生工作页

专业：　　　　班级：　　　　　项目同组人：　　　　　20　　年　月　日

学习领域	钻井液的使用与维护	
学习情境4	钻井液配浆原材料及处理剂	
工作任务2	配制大分子 PHP 胶液	
工作要求	理论要求	掌握有机处理剂材料和作用机理
	技能要求	掌握配制有机处理剂胶液的计算，配制程序，配制过程及搅拌机使用方法
工作重点	大分子 PHP 胶液配制计算及配制步骤	
工作难点	配制大分子 PHP 胶液配制计算及操作过程	
关键技能	配制计算，各组分加入顺序，搅拌时间	
操作要点	配制操作大分子 PHP 胶液各组分的加入顺序	
注意事项	1. 加 PHP 干粉时必须均匀缓慢加入，防止因 PHP 结块而不溶解 2. 配药罐应具有容积刻度	
新课学习条件	理论储备	无机处理剂材料、有机处理剂材料及作用机理
	技能准备	溶液配制及搅拌机使用
新课内容	新课导入	播放视频或案例讲解，导入新课
	工作步骤及要求	1. 配制质量浓度 0.1% 大分子 PHP 胶液 1000mL，需 PHP 干粉的质量

<table>
<tr><td rowspan="4">新课内容</td><td>工作步骤
及要求</td><td>2. 配制大分子 PHP 胶液操作过程

3. 配制大分子 PHP 胶液操作注意事项</td></tr>
<tr><td>工作任务</td><td></td></tr>
<tr><td>注意事项</td><td></td></tr>
<tr><td>评价小结</td><td></td></tr>
</table>

考核评价表

评价内容		分值	权重
过程评价	处理剂作用机理知识考核（理解和掌握）	20	60%
	加配制 PHP 胶液实训操作考核（技能水平、操作规范）	40	
	方法能力考核（制定计划或报告能力）	15	
	职业素质考核（“5S”与出勤执行情况）	15	
	团队精神考核（团队成员平均成绩）	10	
期末考评	期末理论考试（联系生产实际问题、职业技能证书考核中的“应知”内容）	100	40%

教学评价页

专业：　　　　班级：　　　　项目负责人：　　　　20　　年　月　日

学习领域				
项目（课题）				
组长姓名	同组人			
项　次	内　　容	分　值	学生自评	老师评价
1				
2				
3				
4				
5				

学生工作页

专业：　　　　班级：　　　　项目同组人：　　　　20　　年　月　日

<table>
<tr><td>学习领域</td><td colspan="2">钻井液的使用与维护</td></tr>
<tr><td>学习情境 5</td><td colspan="2">水基和油基钻井液体系</td></tr>
<tr><td>工作任务 1</td><td colspan="2">淡水钻井液的配制</td></tr>
<tr><td rowspan="2">工作要求</td><td>理论要求</td><td>掌握淡水钻井液的配制计算方法</td></tr>
<tr><td>技能要求</td><td>掌握钻井液的配制计算，配制程序，配制过程及搅拌机使用方法</td></tr>
<tr><td>工作重点</td><td colspan="2">淡水钻井液的配制；配制钻井液的操作过程</td></tr>
<tr><td>工作难点</td><td colspan="2">淡水钻井液的配制计算</td></tr>
<tr><td>关键技能</td><td colspan="2">配制淡水钻井液操作过程和配制计算</td></tr>
<tr><td>操作要点</td><td colspan="2">配制淡水钻井液的计算及各组分的加入顺序</td></tr>
<tr><td>注意事项</td><td colspan="2">1. 配制淡水钻井液各组分加入顺序
2. 搅拌机的使用注意事项
3. 将配好的钻井液加入储备罐中静止 24h 方可使用</td></tr>
<tr><td rowspan="2">新课学习条件</td><td>理论储备</td><td>淡水钻井液计算基本知识</td></tr>
<tr><td>技能准备</td><td>基本计算，搅拌机使用、钻井液常规性能测定技能</td></tr>
<tr><td rowspan="2">新课内容</td><td>新课导入</td><td>播放视频或案例讲解，导入新课</td></tr>
<tr><td>工作步骤及要求</td><td>1. 淡水钻井液的配制
配浆材料的用量的计算：

配制步骤：

</td></tr>
</table>

<table>
<tr>
<td rowspan="1">新课内容</td>
<td>工作步骤
及要求</td>
<td>2. 钻井液全套性能的测定
1）测量密度
数据记录：密度/（g/cm^3）

2）测量漏斗黏度
数据记录：漏斗黏度/s：

3）测量 API 滤失量
数据记录：滤失量/mL：

4）测量固相含量
数据记录：固相含量/%：

5）测量 pH 值
数据记录：pH 值：

6）测量碱度
数据记录和处理：
M_f/mL：

P_f/mL：

碱度/mL：

[OH^-]/（mg/L）：

[CO_3^{2-}]/（mg/L）：

[HCO_3^-]/（mg/L）：</td>
</tr>
</table>

<table>
<tr><td rowspan="4">新课内容</td><td>工作步骤及要求</td><td>7）测定含砂量
数据记录和处理/%：

8）钻井液流变参数的测定
数据记录和处理：
①塑性黏度/（mPa·s）：　②动切力/Pa：
③初切力/Pa：　④终切力/Pa：
⑤静切力/Pa：　⑥表观黏度/（mPa·s）：
⑦n：　⑧K/（Pa·s^n）：
⑨动塑比/［Pa/（mPa·s）］：

9）钻井液膨润土含量的测定：
数据记录：
膨润土含量/（g/L）：</td></tr>
<tr><td>工作任务</td><td></td></tr>
<tr><td>注意事项</td><td></td></tr>
<tr><td>评价小结</td><td></td></tr>
</table>

考核评价表

评价内容		分值	权重
过程评价	配制淡水钻井液的原材料计算（认知、计算能力）	20	60%
	配制淡水钻井液（技能水平、操作规范）	40	
	方法能力考核（制定计划或报告能力）	15	
	职业素质考核（“5S”与出勤执行情况）	15	
	团队精神考核（团队成员平均成绩）	10	
期末考评	期末理论考试（联系生产实际问题、职业技能证书考核中的“应知”内容）	100	40%

教学评价页

专业：　　　　班级：　　　　项目负责人：　　　　20　　年　月　日

学习领域				
项目（课题）				
组长姓名		同组人		
项　次	内　　容	分　值	学生自评	老师评价
1				
2				
3				
4				
5				

学生工作页

专业：　　　　班级：　　　　项目同组人：　　　　20　　年　月　日

学习领域	钻井液的使用与维护	
学习情境5	水基和油基钻井液体系	
工作任务2	加重钻井液的配制	
工作要求	理论要求	掌握加重钻井液的配制计算方法
	技能要求	掌握加重钻井液的配制计算，配制程序，配制过程，搅拌机使用方法
工作重点	加重钻井液的配制计算；配制钻井液的操作过程	
工作难点	配制计算及加重钻井液配制操作过程	
关键技能	配制加重钻井液的操作过程和配制计算	
操作要点	加重钻井液的配制操作过程，各组分加入顺序	
注意事项	1. 加重前密度、切力必须处于设计最低限，并具有良好的流动性 2. 钻井在钻井过程中进行，加重幅度必须控制在每周升高0.03～0.05g/cm^{3}范围内，防止压漏 3. 加重剂必须经过混合漏斗，使之充分分散水化加重过程必须连续，防止加重不均匀而压漏地层 4. 根据加重剂用量加0.05%～0.1%的聚合物，增加加重后钻井液的稳定性 5. 加重过程中尽量避免在钻井液中加大量水，可配合稀释剂处理 6. 加重后钻井液性能必须调整到设计要求范围内	
新课学习条件	理论储备	淡水钻井液、加重材料等计算的基本知识
	技能准备	基本计算，搅拌机使用、钻井液常规性能测定技能
新课内容	新课导入	播放视频或案例讲解，导入新课
	工作步骤及要求	1. 加重钻井液的配制 配浆材料的用量的计算：

新课内容	工作步骤及要求	配置步骤： 2. 钻井液全套性能的测定 1）测量密度 数据记录：密度/（g/cm^3） 2）测量漏斗黏度 数据记录：漏斗黏度/s： 3）测量 API 滤失量 数据记录：滤失量/mL： 4）测量固相含量 数据记录：固相含量/%： 5）测量 pH 值 数据记录：pH 值： 6）测定含砂量 数据记录和处理/%： 7）钻井液流变参数的测定 数据记录和处理： ①塑性黏度/（mPa·s）： ②动切力/Pa： ③初切力/Pa： ④终切力/Pa： ⑤静切力/Pa： ⑥表观黏度/（mPa·s）： ⑦n： ⑧K/（$Pa \cdot s^n$）： ⑨动塑比/［Pa/（mPa·s）］： 8）钻井液膨润土含量的测定 数据记录： 膨润土含量/（g/L）：
	工作任务	
	注意事项	
	评价小结	

考核评价表

评价内容		分值	权重
过程评价	配制加重钻井液计算考核（理解和熟记）	20	60%
	配制加重钻井液操作考核实训技能考核（技能水平、操作规范）	40	
	方法能力考核（制定计划或报告能力）	15	
	职业素质考核（“5S”与出勤执行情况）	15	
	团队精神考核（团队成员平均成绩）	10	
期末考评	期末理论考试（联系生产实际问题、职业技能证书考核中的“应知”内容）	100	40%

教学评价页

专业：　　　　班级：　　　　　　项目负责人：　　　　　　20　　年　月　日

学习领域				
项目（课题）				
组长姓名		同组人		
项　次	内　　容	分　值	学生自评	老师评价
1				
2				
3				
4				
5				

学生工作页

专业：　　　　班级：　　　　　　　项目同组人：　　　　　　20　　年　月　日

学习领域	钻井液的使用与维护	
学习情境 5	水基和油基钻井液体系	
工作任务 3	配制使用盐水钻井液	
工作要求	理论要求	掌握盐水钻井液体系的特点、配制、维护和使用范围
	技能要求	掌握现场配制盐水钻井液体系的设备使用和操作过程
工作重点	盐水钻井液体系的配制和维护	
工作难点	盐水钻井液体系的维护	
关键技能	盐水钻井液体系的配制要点和维护措施	
操作要点	盐水的配制维护程序及操作要点	
注意事项	1. 加烧碱时，应防止被烧碱灼伤 2. 加膨润土时，一定要使膨润土预水化	
新课学习条件	理论储备	盐水钻井液体系的特点、配制、维护和使用范围
	技能准备	搅拌机使用，泥钻井液常规性能测定技能
新课内容	新课导入	播放视频或案例讲解，导入新课
	工作步骤及要求	1. 盐水钻井液的配制 计算过程： 膨润土加量： 降黏剂加量： NaCl 加量： 降滤失剂加量：

<table>
<tr><td rowspan="4">新课内容</td><td>工作步骤及要求</td><td>工具和材料：

配置步骤：

2. 钻井液全套性能的测定
1）测量密度
数据记录：密度/（g/cm^3）：

2）测量漏斗黏度
数据记录：漏斗黏度/s：

3）测量 API 滤失量
数据记录：滤失量/mL：

4）测量 pH 值
数据记录：pH 值：

5）测定含砂量
数据记录和处理/%：

6）钻井液流变参数的测定
数据记录和处理：
①塑性黏度/（mPa·s）：　②动切力/Pa：
③初切力/Pa：　④终切力/Pa：
⑤静切力/Pa：　⑥表观黏度/（mPa·s）：
⑦n：　⑧K/（$Pa\cdot s^n$）：
⑨动塑比/［Pa/（mPa·s）］：

7）钻井液膨润土含量的测定
数据记录：
膨润土含量/（g/L）：</td></tr>
<tr><td>工作任务</td><td></td></tr>
<tr><td>注意事项</td><td></td></tr>
<tr><td>评价小结</td><td></td></tr>
</table>

考核评价表

评价内容		分值	权重
过程评价	盐水钻井液配制计算（理解能力）钻井液膨润土含量测定	20	60%
	盐水钻井液配制（技能水平、操作规范）	40	
	制定计划，完成报告（制定计划或报告能力）	15	
	职业素质考核（“5S”与出勤执行情况）	15	
	团队精神考核（团队成员平均成绩）	10	
期末考评	期末理论考试（联系生产实际问题、职业技能证书考核中的“应知”内容）	100	40%

教学评价页

专业：　　　　班级：　　　　项目负责人：　　　　20　　年　月　日

学习领域				
项目（课题）				
组长姓名		同组人		
项次	内容	分值	学生自评	老师评价
1				
2				
3				
4				
5				

学生工作页

专业：　　　　班级：　　　　　　项目同组人：　　　　　　20　　年　月　日

<table>
<tr><td>学习领域</td><td colspan="2">钻井液的使用与维护</td></tr>
<tr><td>学习情境 5</td><td colspan="2">水基和油基钻井液体系</td></tr>
<tr><td>工作任务 4</td><td colspan="2">配制使用聚合物钻井液</td></tr>
<tr><td rowspan="2">工作要求</td><td>理论要求</td><td>掌握聚合物钻井液体系的特点、配制、维护和使用范围</td></tr>
<tr><td>技能要求</td><td>掌握现场配制聚合物钻井液体系的设备使用和操作过程</td></tr>
<tr><td>工作重点</td><td colspan="2">聚合物钻井液体系的配制和维护</td></tr>
<tr><td>工作难点</td><td colspan="2">聚合物钻井液体系的配制</td></tr>
<tr><td>关键技能</td><td colspan="2">聚合物钻井液体系的配制要点</td></tr>
<tr><td>操作要点</td><td colspan="2">聚合物钻井液体系的配制程序及操作要点</td></tr>
<tr><td>注意事项</td><td colspan="2">1. 一般用 80A51、XC 生物聚合物等抗盐处理剂
2. 处理钻井液时处理剂量要大，一般比淡水钻井液高出 0.5 ~1 倍，一次处理要彻底，一次不彻底可反复多次处理，直至性能稳定
3. 维护钻井液的预处理水可用低浓度的烧碱水
4. 用咸水维护钻井液时，应补充适量的烧碱水维持 pH 值在 11 以上
5. 需要补充膨润土时，一定要用预处理水水化的膨润土浆</td></tr>
<tr><td rowspan="2">新课学习条件</td><td>理论储备</td><td>聚合物钻井液体系的特点、配制、维护和使用范围</td></tr>
<tr><td>技能准备</td><td>搅拌机使用，钻井液常规性能测定技能</td></tr>
<tr><td rowspan="2">新课内容</td><td>新课导入</td><td>播放视频或案例讲解，导入新课</td></tr>
<tr><td>工作步骤及要求</td><td>1. 聚合物抑制性钻井液的配制
计算过程：
膨润土加量：

PHP 加量：

Na-CMC 加量：</td></tr>
</table>

<table>
<tr><td rowspan="4">新课内容</td><td>工作步骤
及要求</td><td>纯碱加量：

工具和材料：

配置步骤：

2. 钻井液全套性能的测定
1）测量密度
数据记录：密度/（g/cm^3）：

2）测量漏斗黏度
数据记录：漏斗黏度/s：

3）测量 API 滤失量
数据记录：滤失量/mL：

4）测量 pH 值
数据记录：pH 值：

5）测定含砂量
数据记录和处理/%：

6）钻井液流变参数的测定
数据记录和处理：
①塑性黏度/（mPa·s）： ②动切力/Pa：
③初切力/Pa： ④终切力/Pa：
⑤静切力/Pa： ⑥表观黏度/（mPa·s）：
⑦n： ⑧K/（$Pa\cdot s^n$）：
⑨动塑比/［Pa/（mPa·s）］：

7）钻井液膨润土含量的测定
数据记录：
膨润土含量/（g/L）：</td></tr>
<tr><td>工作任务</td><td></td></tr>
<tr><td>注意事项</td><td></td></tr>
<tr><td>评价小结</td><td></td></tr>
</table>

考核评价表

评 价 内 容		分值	权重
过程评价	聚合物钻井液配制计算（理解、计算能力）	20	60%
	聚合物钻井液配制（技能水平、操作规范）	40	
	制定计划，完成报告（制定计划或报告能力）	15	
	职业素质考核（“5S”与出勤执行情况）	15	
	团队精神考核（团队成员平均成绩）	10	
期末考评	期末理论考试（联系生产实际问题、职业技能证书考核中的“应知”内容）	100	40%

教学评价页

专业：　　　　班级：　　　　项目负责人：　　　　20　　年　月　日

学习领域				
项目（课题）				
组长姓名		同组人		
项　次	内　　容	分　值	学生自评	老师评价
1				
2				
3				
4				
5				

学生工作页

专业：　　　　班级：　　　　项目同组人：　　　　20　　年　月　日

<table>
<tr><td>学习领域</td><td colspan="2">钻井液的使用与维护</td></tr>
<tr><td>学习情境5</td><td colspan="2">水基和油基钻井液体系</td></tr>
<tr><td>工作任务5</td><td colspan="2">配制使用正电胶钻井液</td></tr>
<tr><td rowspan="2">工作要求</td><td>理论要求</td><td>掌握正电胶钻井液体系的特点、配制、维护和使用范围</td></tr>
<tr><td>技能要求</td><td>掌握现场配制正电胶钻井液体系的设备使用和操作过程</td></tr>
<tr><td>工作重点</td><td colspan="2">正电胶钻井液体系的配制和维护</td></tr>
<tr><td>工作难点</td><td colspan="2">正电胶钻井液体系的配制</td></tr>
<tr><td>关键技能</td><td colspan="2">正电胶钻井液体系的配制要点</td></tr>
<tr><td>操作要点</td><td colspan="2">正电胶钻井液体系的配制程序及操作要点</td></tr>
<tr><td>注意事项</td><td colspan="2">1. 据不同井型、不同地层特点确定正电胶钻井液体系
2. 拟定处理剂用量包括全井用量及分段处理用量
3. 做小型实验模拟井底温度进行</td></tr>
<tr><td rowspan="2">新课学习条件</td><td>理论储备</td><td>正电胶钻井液体系的特点、配制、维护和使用范围</td></tr>
<tr><td>技能准备</td><td>搅拌机使用，钻井液常规性能测定技能</td></tr>
<tr><td rowspan="2">新课内容</td><td>新课导入</td><td>播放视频或案例讲解，导入新课</td></tr>
<tr><td>工作步骤及要求</td><td>1. 正电胶钻井液的配制
配方：3% ~5% 预水化膨润土浆 +0.1% ~0.5% 正电胶 +0.3% ~0.5% 的降滤失剂（LV—CMC，DFD，CMS 或 JT—888 等） +0 ~0.3% 降黏剂（NPAN 或 XY—27）
计算过程：

膨润土加量：

</td></tr>
</table>

<table>
<tr><td rowspan="4">新课内容</td><td>工作步骤及要求</td><td>正电胶加量：

LV—CMC 加量：

XY—27 加量：

工具和材料：

配制步骤：

2. 钻井液全套性能的测定
1）测量密度
数据记录：密度/（g/cm^3）：

2）测量漏斗黏度
数据记录：漏斗黏度/s：

3）测量 API 滤失量
数据记录：滤失量/mL：

4）测量 pH 值
数据记录：pH 值：

5）测定含砂量
数据记录和处理：

6）钻井液流变参数的测定
数据记录和处理：
①塑性黏度/（mPa·s）： ②动切力/Pa：
③初切力/Pa： ④终切力/Pa：
⑤静切力/Pa： ⑥表观黏度/（mPa·s）：
⑦n： ⑧K/（$Pa \cdot s^n$）：
⑨动塑比/［Pa/（mPa·s）］：

7）钻井液膨润土含量的测定
数据记录：
膨润土含量/（g/L）：</td></tr>
<tr><td>工作任务</td><td></td></tr>
<tr><td>注意事项</td><td></td></tr>
<tr><td>评价小结</td><td></td></tr>
</table>

考核评价表

评 价 内 容		分值	权重
过程评价	正电胶钻井液配制计算（理解、计算能力）	20	60%
	正电胶钻井液配制（技能水平、操作规范）	40	
	制定计划，完成报告（制定计划或报告能力）	15	
	职业素质考核（“5S”与出勤执行情况）	15	
	团队精神考核（团队成员平均成绩）	10	
期末考评	期末理论考试（联系生产实际问题、职业技能证书考核中的“应知”内容）	100	40%

教学评价页

专业：　　　　班级：　　　　　　　　项目负责人：　　　　　　20　　年　月　日

学习领域					
项目（课题）					
组长姓名		同组人			
项　次	内　　容		分　值	学生自评	老师评价
1					
2					
3					
4					
5					

学生工作页

专业：　　　　班级：　　　　　　　项目同组人：　　　　　　20　　年　月　日

<table>
<tr><td>学习领域</td><td colspan="2">钻井液的使用与维护</td></tr>
<tr><td>学习情境5</td><td colspan="2">水基和油基钻井液体系</td></tr>
<tr><td>工作任务6</td><td colspan="2">配制使用、处理维护超深井钻井液</td></tr>
<tr><td rowspan="2">工作要求</td><td>理论要求</td><td>掌握超深井钻井液体系的特点、配制、维护和使用范围</td></tr>
<tr><td>技能要求</td><td>掌握现场配制超深井钻井液体系的设备使用和操作过程</td></tr>
<tr><td>工作重点</td><td colspan="2">超深井钻井液体系的配制和维护</td></tr>
<tr><td>工作难点</td><td colspan="2">超深井钻井液体系的配制</td></tr>
<tr><td>关键技能</td><td colspan="2">超深井钻井液体系的配制要点</td></tr>
<tr><td>操作要点</td><td colspan="2">超深井钻井液体系的配制程序及操作要点</td></tr>
<tr><td>注意事项</td><td colspan="2">1. 用滴定法测定钻井液滤液中的 Cl^-、Ca^{2+}、Mg^{2+} 及总硬度，选择抗高温、抗盐处理剂
2. 钻井液摩擦系数应越低越好，一般小于0.15
3. 搅拌机运转率为100%；除砂器运转率大于90%；控制含砂量小于0.3%，最大不得超过0.5%
4. 用等浓度药液维护钻井液，禁止大量加水</td></tr>
<tr><td rowspan="2">新课学习条件</td><td>理论储备</td><td>超深井钻井液体系的特点、配制、维护和使用范围</td></tr>
<tr><td>技能准备</td><td>搅拌机使用，钻井液常规性能测定技能，HTHP滤失仪的使用</td></tr>
<tr><td rowspan="2">新课内容</td><td>新课导入</td><td>播放视频或案例讲解，导入新课</td></tr>
<tr><td>工作步骤及要求</td><td>1. 淡水钻井液的配制
计算过程：

膨润土加量：

SMT加量：</td></tr>
</table>

<table>
<tr><td rowspan="4">新课内容</td><td>工作步骤及要求</td><td>SMC 加量：

NaOH 加量：

工具和材料：

配置步骤：

2. 钻井液全套性能的测定
1）测量密度
数据记录：密度/（g/cm^3）：

2）测量漏斗黏度
数据记录：漏斗黏度/s：

3）测量 API 滤失量
数据记录：滤失量/mL：

4）测量 pH 值
数据记录：pH 值：

5）测定含砂量
数据记录和处理/%：

6）钻井液流变参数的测定
数据记录和处理：
①塑性黏度/（mPa·s）： ②动切力/Pa：
③初切力/Pa： ④终切力/Pa：
⑤静切力/Pa： ⑥表观黏度/（mPa·s）：
⑦n： ⑧K/（Pa·s^n）：
⑨动塑比/［Pa/（mPa·s）］：

7）钻井液膨润土含量的测定
数据记录：
膨润土含量/（g/L）：</td></tr>
<tr><td>工作任务</td><td></td></tr>
<tr><td>注意事项</td><td></td></tr>
<tr><td>评价小结</td><td></td></tr>
</table>

考核评价表

评价内容		分值	权重
过程评价	深井钻井液的配制计算（理解、计算能力）	20	60%
	高温深井钻井液的配制（技能水平、操作规范）	20	
	处理维护超深井钻井液（技能水平、操作规范）	20	
	制定计划，完成报告（制定计划或报告能力）	15	
	职业素质考核（“5S”与出勤执行情况）	15	
	团队精神考核（团队成员平均成绩）	10	
期末考评	期末理论考试（联系生产实际问题、职业技能证书考核中的“应知”内容）	100	40%

教学评价页

专业：　　　　班级：　　　　项目负责人：　　　　20　　年　月　日

学习领域				
项目（课题）				
组长姓名		同组人		
项　次	内　容	分　值	学生自评	老师评价
1				
2				
3				
4				
5				

学生工作页

专业：　　　　班级：　　　　项目同组人：　　　　20　　年　月　日

<table>
<tr><td>学习领域</td><td colspan="2">钻井液的使用与维护</td></tr>
<tr><td>学习情境 5</td><td colspan="2">水基和油基钻井液体系</td></tr>
<tr><td>工作任务 7</td><td colspan="2">配制使用油基钻井液</td></tr>
<tr><td rowspan="2">工作要求</td><td>理论要求</td><td>掌握油基钻井液体系的特点、配制、维护和使用范围</td></tr>
<tr><td>技能要求</td><td>掌握现场配制油基钻井液体系的设备使用和操作过程</td></tr>
<tr><td>工作重点</td><td colspan="2">油基钻井液体系的配制和维护</td></tr>
<tr><td>工作难点</td><td colspan="2">油基钻井液体系的配制</td></tr>
<tr><td>关键技能</td><td colspan="2">油基钻井液体系的配制操作要点</td></tr>
<tr><td>操作要点</td><td colspan="2">油基钻井液体系的配制程序及操作要点</td></tr>
<tr><td>注意事项</td><td colspan="2">1. 必须保证加料所要求的温度和搅拌时间
2. 必须加入石灰和食盐，以提高其稳定性，使配成的油基钻井液滤失量小于 1mL</td></tr>
<tr><td rowspan="2">新课学习条件</td><td>理论储备</td><td>油基钻井液体系的特点、配制、维护和使用范围</td></tr>
<tr><td>技能准备</td><td>钻井液常规性能测定技能</td></tr>
<tr><td rowspan="2">新课内容</td><td>新课导入</td><td>播放多媒体，油基钻井液体系在现场的应用</td></tr>
<tr><td>工作步骤及要求</td><td>1. 油包水乳化钻井液的配制
工具和材料：

配制步骤：</td></tr>
</table>

<table>
<tr><td rowspan="4">新课内容</td><td>工作步骤及要求</td><td>2. 钻井液全套性能的测定
1）测量密度
数据记录：密度/（g/cm^3）：

2）测量漏斗黏度
数据记录：漏斗黏度/s：

3）测量 API 滤失量
数据记录：滤失量/mL：

4）测量 pH 值
数据记录：pH 值：

5）测定含砂量
数据记录和处理/%：

6）钻井液流变参数的测定
数据记录和处理：
①塑性黏度/（mPa·s）：　②动切力/Pa：
③初切力/Pa：　④终切力/Pa：
⑤静切力/Pa：　⑥表观黏度/（mPa·s）：
⑦n：　⑧K/（Pa·s^n）：
⑨动塑比/［Pa/（mPa·s）］：

7）钻井液膨润土含量的测定
数据记录：
膨润土含量/（g/L）：</td></tr>
<tr><td>工作任务</td><td></td></tr>
<tr><td>注意事项</td><td></td></tr>
<tr><td>评价小结</td><td></td></tr>
</table>

考核评价表

评 价 内 容		分值	权重
过程评价	油基钻井液配制计算（理解、计算能力）	20	60%
	配制使用油基钻井液（技能水平、操作规范）	40	
	制定计划，完成报告（制定计划或报告能力）	15	
	职业素质考核（“5S”与出勤执行情况）	15	
	团队精神考核（团队成员平均成绩）	10	
期末考评	期末理论考试（联系生产实际问题、职业技能证书考核中的“应知”内容）	100	40%

教学评价页

专业：　　　　班级：　　　　项目负责人：　　　　20　　年　月　日

学习领域				
项目（课题）				
组长姓名		同组人		
项　次	内　　容	分　值	学生自评	老师评价
1				
2				
3				
4				
5				

学生工作页

专业：　　　　班级：　　　　　　　　项目同组人：　　　　　　　20　　年　月　日

<table>
<tr><td>学习领域</td><td colspan="2">钻井液的使用与维护</td></tr>
<tr><td>学习情境 5</td><td colspan="2">水基和油基钻井液体系</td></tr>
<tr><td>工作任务 8</td><td colspan="2">处理定向井钻井液</td></tr>
<tr><td rowspan="2">工作要求</td><td>理论要求</td><td>掌握定向井钻井液的特点、配制、维护和使用范围</td></tr>
<tr><td>技能要求</td><td>掌握现场配制定向井钻井液的设备使用和操作过程</td></tr>
<tr><td>工作重点</td><td colspan="2">定向井钻井液的配制和维护</td></tr>
<tr><td>工作难点</td><td colspan="2">定向井钻井液的维护措施</td></tr>
<tr><td>关键技能</td><td colspan="2">定向井钻井液的配制操作要点</td></tr>
<tr><td>操作要点</td><td colspan="2">定向井钻井液的配制操作要点</td></tr>
<tr><td>注意事项</td><td colspan="2">1. 混入 5% ~15% 原油，并加入 SNR—1（有机硅润滑剂）、RT—881 高效润滑剂等
2. 电测、下套管起钻前可向全井或裸眼井段加入一定量的固体润滑剂
3. 井斜到 45°时，选用层流；井斜到 550°到水平状态时，选用紊流
4. 在层流时，增加初切和凝胶强度，滤失量尽量减少到 5mL 以下
5. 避免人为原因造成井下复杂情况配制定向井钻井液设备的使用</td></tr>
<tr><td rowspan="2">新课学习条件</td><td>理论储备</td><td>定向井钻井液的特点、配制、维护和使用范围</td></tr>
<tr><td>技能准备</td><td>搅拌机使用，钻井液常规性能测定技能</td></tr>
<tr><td rowspan="2">新课内容</td><td>新课导入</td><td>播放视频或案例讲解，导入新课</td></tr>
<tr><td>工作步骤及要求</td><td>1. 定向井钻井液的配制
工具和材料：

配置步骤：</td></tr>
</table>

<table>
<tr><td rowspan="4">新课内容</td><td>工作步骤及要求</td><td>2. 钻井液全套性能的测定
1）测量密度
数据记录：密度/（g/cm^3）：

2）测量漏斗黏度
数据记录：漏斗黏度/s：

3）测量 API 滤失量
数据记录：滤失量/mL：

4）测量 pH 值
数据记录：pII 值：

5）测定含砂量
数据记录和处理/%：

6）钻井液流变参数的测定
数据记录和处理：
①塑性黏度/（mPa · s）：　②动切力/Pa：
③初切力/Pa：　④终切力/Pa：
⑤静切力/Pa：　⑥表观黏度/（mPa · s）：
⑦n：　⑧K/（Pa · s^n）：
⑨动塑比/［Pa/（mPa · s）］：

7）钻井液膨润土含量的测定
数据记录：
膨润土含量/（g/L）：</td></tr>
<tr><td>工作任务</td><td></td></tr>
<tr><td>注意事项</td><td></td></tr>
<tr><td>评价小结</td><td></td></tr>
</table>

考核评价表

评价内容		分值	权重
过程评价	定向井特点（理解认知能力）	20	60%
	处理定向井钻井液（技能水平、操作规范）	40	
	制定计划，完成报告（制定计划或报告能力）	15	
	职业素质考核（"5S"与出勤执行情况）	15	
	团队精神考核（团队成员平均成绩）	10	
期末考评	期末理论考试（联系生产实际问题、职业技能证书考核中的"应知"内容）	100	40%

教学评价页

专业：　　　　班级：　　　　　　　项目负责人：　　　　　　20　　年　月　日

学习领域				
项目（课题）				
组长姓名		同组人		
项　次	内　　容	分　值	学生自评	老师评价
1				
2				
3				
4				
5				

学生工作页

专业：　　　　班级：　　　　　　　项目同组人：　　　　　　20　　年　月　日

<table>
<tr><td>学习领域</td><td colspan="2">钻井液的使用与维护</td></tr>
<tr><td>学习情境 6</td><td colspan="2">固控设备的使用与维护</td></tr>
<tr><td>工作任务 1</td><td colspan="2">振动筛的使用与维护</td></tr>
<tr><td rowspan="2">工作要求</td><td>理论要求</td><td>掌握振动筛的使用和维护理论知识</td></tr>
<tr><td>技能要求</td><td>能熟练使用振动筛；能对振动筛进行常规维护和检修</td></tr>
<tr><td>工作重点</td><td colspan="2">能熟练振动筛使用固控设备</td></tr>
<tr><td>工作难点</td><td colspan="2">对振动筛进行常规维护和检修</td></tr>
<tr><td>关键技能</td><td colspan="2">振动筛的使用和维护要点</td></tr>
<tr><td>操作要点</td><td colspan="2">振动筛的使用和维护维护要点；振动筛的异常工作时的处理，备好专用润滑脂</td></tr>
<tr><td>注意事项</td><td colspan="2">1. 钻井液常用筛布目数为（12 目、16 目、20 目、40 目、60 目、80 目）
2. 筛布的目数可以根据钻井的需求合理选用，并且筛布要绷紧，及时更换
3. 采用转筒式装置时应及时转动</td></tr>
<tr><td rowspan="2">新课学习条件</td><td>理论储备</td><td>振动筛的使用和维护、旋流器的使用和维护和离心机的使用和维护</td></tr>
<tr><td>技能准备</td><td>了解振动筛的结构及工作原理</td></tr>
<tr><td rowspan="2">新课内容</td><td>新课导入</td><td>播放视频演示现场固控设备（振动筛）的使用现状</td></tr>
<tr><td>工作步骤及要求</td><td>1. 分析振动筛的结构及振动筛的工作原理
工作原理：
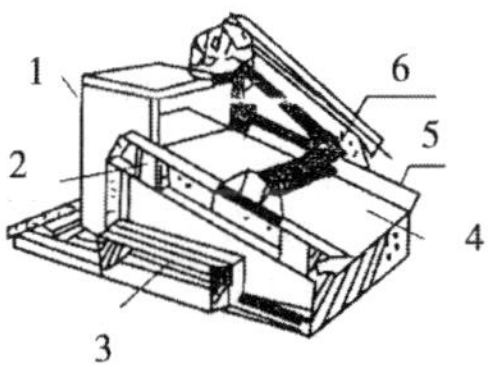
</td></tr>
</table>

<table>
<tr><td rowspan="4">新课内容</td><td>工作步骤
及要求</td><td>2. 当振动筛出现以下故障时应该采取何种措施进行维护？
1）振动筛过热

2）润滑剂漏失

3）轴承中有沙

4）轴承有噪声

5）振动不稳</td></tr>
<tr><td>工作任务</td><td></td></tr>
<tr><td>注意事项</td><td></td></tr>
<tr><td>评价小结</td><td></td></tr>
</table>

考核评价表

评价内容		分值	权重
过程评价	振动筛工作原理（认知能力）	20	60%
	振动筛使用维护及处理（技能水平、操作规范）	40	
	方法能力考核（制定计划或报告能力）	15	
	职业素质考核（“5S”与出勤执行情况）	15	
	团队精神考核（团队成员平均成绩）	10	
期末考评	期末理论考试（联系生产实际问题、职业技能证书考核中的“应知”内容）	100	40%

教学评价页

专业：　　　　班级：　　　　　　项目负责人：　　　　　20　　年　月　日

学习领域				
项目（课题）				
组长姓名		同组人		
项　次	内　　容	分　值	学生自评	老师评价
1				
2				
3				
4				
5				

学生工作页

专业：　　　班级：　　　　项目同组人：　　　　20　　年　月　日

<table>
<tr><td>学习领域</td><td colspan="2">钻井液的使用与维护</td></tr>
<tr><td>学习情境6</td><td colspan="2">固控设备的使用与维护</td></tr>
<tr><td>工作任务2</td><td colspan="2">旋流器的使用与维护</td></tr>
<tr><td rowspan="2">工作要求</td><td>理论要求</td><td>掌握旋流器及钻井液清洁器的使用和维护理论知识</td></tr>
<tr><td>技能要求</td><td>能熟练使用旋流器；能对旋流器进行常规维护和检修</td></tr>
<tr><td>工作重点</td><td colspan="2">能熟练使用旋流器固控设备</td></tr>
<tr><td>工作难点</td><td colspan="2">对旋流器进行常规维护和检修</td></tr>
<tr><td>关键技能</td><td colspan="2">旋流器的使用和维护</td></tr>
<tr><td>操作要点</td><td colspan="2">旋流器的使用和维护要点</td></tr>
<tr><td>注意事项</td><td colspan="2">1. 旋流器的工作压力为0.15～0.25MPa
2. 全部敞开时应有一些水以帘状喷洒的形式漏出来
3. 尖嘴从小到大的调节过程中，到只有慢速底流从排泄口排出为止，此点为正常平衡点
4. 避免引起“平摊”或“干底”效应的过分调整，否则会造成严重的底流开口堵塞和过分的下部磨损
5. 钻井中出现“绳流”或“串状”排泄，应放大尖嘴尺寸，直到呈伞状为止当过量负荷消失后再平衡操作</td></tr>
<tr><td rowspan="2">新课学习条件</td><td>理论储备</td><td>振动筛的使用和维护，旋流器的使用和维护以及离心机的使用和维护</td></tr>
<tr><td>技能准备</td><td>了解旋流器的结构及工作原理</td></tr>
<tr><td rowspan="2">新课内容</td><td>新课导入</td><td>播放视频演示现场固控设备旋流器的使用现状</td></tr>
<tr><td>工作步骤及要求</td><td>1. 分析旋流器的结构并分析旋流器工作原理
工作原理：</td></tr>
</table>

<table>
<tr>
<td rowspan="4">新课内容</td>
<td>工作步骤
及要求</td>
<td>
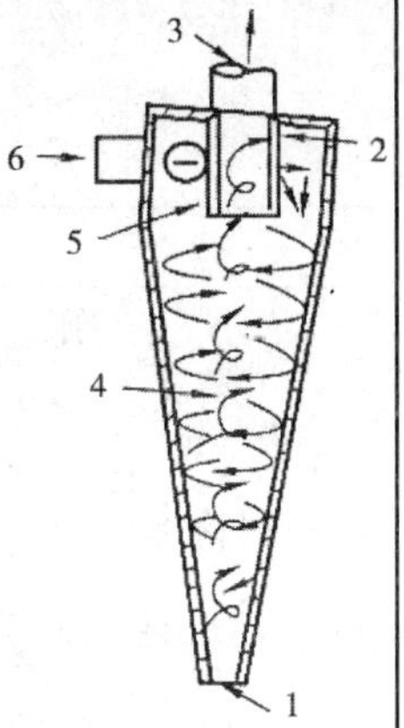

2. 旋流器出现以下故障时应该采取何种措施进行维护？
1）进料口压力太低

2）没有底流或底流很少

3）底流“绳状”或“串状”排列

4）底流密度接近进口钻井液密度

3. 在此井钻进时采用 3NB900 泵，双泵钻进其中 1 号泵缸套规格是 150mm，2 号泵缸套规格为 130mm，两泵冲速均为 50 冲/min，求循环排量是多少？当井深为 2000m，使用的是 ϕ216mm 钻头，壁厚为 11mm 的 ϕ141mm 钻杆 1850m，API 钻杆 ϕ178mm 钻铤 150m，钻进泵排量为上面所求出的，地面循环钻井液 20m^3，求钻井液循环一周的时间是多少？（查表得 150mm 缸套 K 值为 0. 28，130mm 缸套 K 值为 0. 21，每米井眼、钻杆、钻铤体积分别为 36. 310L、4. 503L、20. 835L）
</td>
</tr>
<tr>
<td>工作任务</td>
<td></td>
</tr>
<tr>
<td>注意事项</td>
<td></td>
</tr>
<tr>
<td>评价小结</td>
<td></td>
</tr>
</table>

考核评价表

评价内容		分值	权重
过程评价	旋流器工作原理（认知能力）	20	60%
	旋流器（平衡式）的调节使用维护及处理（技能水平、操作规范）	40	
	方法能力考核（制定计划或报告能力）	15	
	职业素质考核（“5S”与出勤执行情况）	15	
	团队精神考核（团队成员平均成绩）	10	
期末考评	期末理论考试（联系生产实际问题、职业技能证书考核中的“应知”内容）	100	40%

教学评价页

专业： 班级： 项目负责人： 20 年 月 日

<table>
<tr><td>学习领域</td><td colspan="5"></td></tr>
<tr><td>项目（课题）</td><td colspan="5"></td></tr>
<tr><td>组长姓名</td><td></td><td>同组人</td><td></td><td></td><td></td></tr>
<tr><td>项　次</td><td colspan="2">内　　容</td><td>分　值</td><td>学生自评</td><td>老师评价</td></tr>
<tr><td>1</td><td colspan="2"></td><td></td><td></td><td></td></tr>
<tr><td>2</td><td colspan="2"></td><td></td><td></td><td></td></tr>
<tr><td>3</td><td colspan="2"></td><td></td><td></td><td></td></tr>
<tr><td>4</td><td colspan="2"></td><td></td><td></td><td></td></tr>
<tr><td>5</td><td colspan="2"></td><td></td><td></td><td></td></tr>
<tr><td></td><td colspan="2"></td><td></td><td></td><td></td></tr>
<tr><td></td><td colspan="2"></td><td></td><td></td><td></td></tr>
<tr><td></td><td colspan="2"></td><td></td><td></td><td></td></tr>
<tr><td></td><td colspan="2"></td><td></td><td></td><td></td></tr>
<tr><td></td><td colspan="2"></td><td></td><td></td><td></td></tr>
</table>

学生工作页

专业：　　　　班级：　　　　　　　项目同组人：　　　　　　20　　年　月　日

<table>
<tr><td>学习领域</td><td colspan="2">钻井液的使用与维护</td></tr>
<tr><td>学习情境 6</td><td colspan="2">固控设备的使用与维护</td></tr>
<tr><td>工作任务 3</td><td colspan="2">离心机的使用与维护</td></tr>
<tr><td rowspan="2">工作要求</td><td>理论要求</td><td>掌握离心机的使用与维护理论知识</td></tr>
<tr><td>技能要求</td><td>能熟练使用离心机；能对离心机进行常规维护和检修</td></tr>
<tr><td>工作重点</td><td colspan="2">离心机的使用与维护</td></tr>
<tr><td>工作难点</td><td colspan="2">对离心机进行常规维护和检修</td></tr>
<tr><td>关键技能</td><td colspan="2">离心机的使用和维护</td></tr>
<tr><td>操作要点</td><td colspan="2">离心机的使用和维护要点</td></tr>
<tr><td>注意事项</td><td colspan="2">1. 供液时，阀门由小到大逐渐打开，以免引起离心机过载
2. 机器运转 2h 后，检查主轴承，温度升高不得高于 40℃
3. 停机时间较长，转鼓内沉积物（渣）未冲洗干净时，转鼓内偏下部易形成泥饼或冰渣，再次开机之前务必手动盘车，用水冲洗化开泥饼或冰渣后可开机
4. 按要求维护和保养</td></tr>
<tr><td rowspan="2">新课学习条件</td><td>理论储备</td><td>振动筛的使用和维护，旋流器的使用和维护和离心机的使用和维护</td></tr>
<tr><td>技能准备</td><td>了解离心机的工作原理</td></tr>
<tr><td rowspan="2">新课内容</td><td>新课导入</td><td>播放视频演示，现场固控设备离心机使用现状</td></tr>
<tr><td>工作步骤及要求</td><td>1. 分析振动筛的结构并分析振动筛工作原理
工作原理：</td></tr>
</table>

新课内容	工作步骤及要求	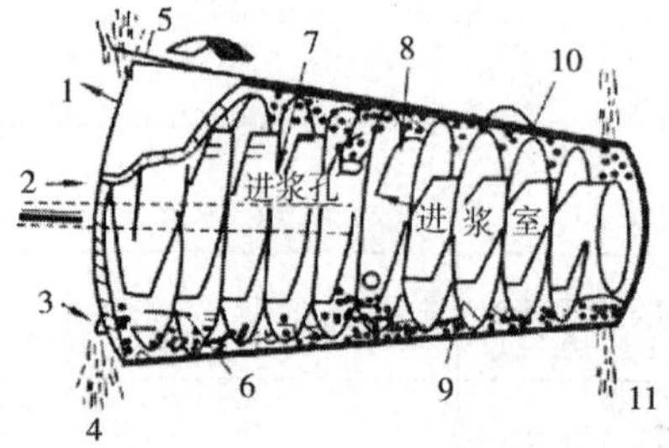 2. 在何种情况下进行固相控制时必须选用离心机？ 3. 离心机操作前应该检查哪些内容？做好记录 4. 如何起停离心机？
	工作任务	
	注意事项	
	评价小结	

考核评价表

评价内容		分值	权重
过程评价	离心机工作原理（认知能力）	20	60%
	离心机平衡式的调节使用维护及处理（技能水平、操作规范）	40	
	方法能力考核（制定计划或报告能力）	15	
	职业素质考核（“5S”与出勤执行情况）	15	
	团队精神考核（团队成员平均成绩）	10	
期末考评	期末理论考试（联系生产实际问题、职业技能证书考核中的“应知”内容）	100	40%

教学评价页

专业：　　　　班级：　　　　项目负责人：　　　　20　　年　月　日

学习领域					
项目（课题）					
组长姓名		同组人			
项　次	内　　容		分　值	学生自评	老师评价
1					
2					
3					
4					
5					

学生工作页

专业：　　　　班级：　　　　　　项目同组人：　　　　　　20　　年　月　日

<table>
<tr><td>学习领域</td><td colspan="2">钻井液的使用与维护</td></tr>
<tr><td>学习情境7</td><td colspan="2">井下复杂情况的预防和处理</td></tr>
<tr><td>工作任务1</td><td colspan="2">处理泥页岩的坍塌掉块</td></tr>
<tr><td rowspan="2">工作要求</td><td>理论要求</td><td>掌握井壁不稳定的机理和对策</td></tr>
<tr><td>技能要求</td><td>掌握钻井液常规性能测定技能及其他专业技能</td></tr>
<tr><td>工作重点</td><td colspan="2">处理泥页岩的坍塌掉块</td></tr>
<tr><td>工作难点</td><td colspan="2">处理泥页岩的坍塌掉块操作过程</td></tr>
<tr><td>关键技能</td><td colspan="2">适当提高钻井液的黏度、切力，加重平衡地层压力</td></tr>
<tr><td>操作要点</td><td colspan="2">发生坍塌掉块时不要停泵，在循环过程中加入CMC或SMP提高黏度和降低滤失量，同时补充加入防塌剂</td></tr>
<tr><td>注意事项</td><td colspan="2">1. 适当提高钻井液的黏度、切力
2. 发生坍塌掉块时不要停泵，应补充加入防塌剂</td></tr>
<tr><td rowspan="2">新课学习条件</td><td>理论基础</td><td>井壁不稳定的机理和对策相关理论</td></tr>
<tr><td>技能基础</td><td>钻井液常规性能测定技能及固控设备的使用技能</td></tr>
<tr><td rowspan="2">新课内容</td><td>新课导入</td><td>播放视频或案例讲解，导入新课</td></tr>
<tr><td>工作步骤及要求</td><td>1. 什么是井壁不稳定现象？</td></tr>
</table>

<table>
<tr><td rowspan="4">新课内容</td><td>工作步骤及要求</td><td>2. 严重井塌发生在哪些地层？

3. 井壁不稳定的原因是什么？

4. 处理泥页岩坍塌掉块的注意事项是什么？</td></tr>
<tr><td>工作任务</td><td></td></tr>
<tr><td>注意事项</td><td></td></tr>
<tr><td>评价小结</td><td></td></tr>
</table>

考核评价表

评价内容		分值	权重
过程评价	影响井壁稳定的因素（认知能力）	20	60%
	井壁发生不稳定的原因分析（认知能力）	40	
	方法能力考核（制定计划或报告能力）	15	
	职业素质考核（“5S”与出勤执行情况）	15	
	团队精神考核（团队成员平均成绩）	10	
期末考评	期末理论考试（联系生产实际问题、职业技能证书考核中的“应知”内容）	100	40%

教学评价页

专业：　　　　　班级：　　　　　　　　项目负责人：　　　　　　20　　年　月　日

学习领域				
项目（课题）				
组长姓名		同组人		
项　次	内　　容	分　值	学生自评	老师评价
1				
2				
3				
4				
5				

学生工作页

专业：　　　　班级：　　　　　　项目同组人：　　　　　　20　　年　月　日

<table>
<tr><td>学习领域</td><td colspan="2">钻井液的使用与维护</td></tr>
<tr><td>学习情境 7</td><td colspan="2">井下复杂情况的预防和处理</td></tr>
<tr><td>工作任务 2</td><td colspan="2">处理井漏</td></tr>
<tr><td rowspan="2">工作要求</td><td>理论要求</td><td>掌握井漏的预防和处理知识</td></tr>
<tr><td>技能要求</td><td>掌握钻井液常规性能测定技能及其他专业技能</td></tr>
<tr><td>工作重点</td><td colspan="2">井漏的预防和处理操作</td></tr>
<tr><td>工作难点</td><td colspan="2">井漏的处理（几种堵漏方法模拟）</td></tr>
<tr><td>关键技能</td><td colspan="2">桥塞堵漏，平衡穿漏；水化稠化堵漏</td></tr>
<tr><td>操作要点</td><td colspan="2">井漏的预防和处理操作，堵漏液的配方及漏层的确定</td></tr>
<tr><td>注意事项</td><td colspan="2">1. 堵漏液的数量和性能应根据漏失层的岩性特点、地层压力系数和裂缝、孔洞的发育情况等综合情况而定
2. 用水泥车注堵漏液，用钻井泵注原钻井液，按照堵漏液和原钻井液 1∶1 的比例，在钻杆内混合
3. 在施工中若井口上返钻井液，可关闭封井器，控制一定压力（0.7 ~ 2MPa），将堵漏钻井液挤入漏失地层
4. 要设专人观察漏失情况
5. 堵漏材料的选择、漏层确定、堵漏措施及防止卡钻</td></tr>
<tr><td rowspan="2">新课学习条件</td><td>理论基础</td><td>井漏的预防和处理相关理论</td></tr>
<tr><td>技能基础</td><td>钻井液常规性能测定技能及固控设备的使用技能</td></tr>
<tr><td rowspan="2">新课内容</td><td>新课导入</td><td>播放视频或案例，引入新课</td></tr>
<tr><td>工作步骤及要求</td><td>1. 桥塞堵漏操作步骤及技术要求是什么？</td></tr>
</table>

<table>
<tr><td rowspan="5">新课内容</td><td></td><td>2. 平衡穿漏的操作过程是什么?</td></tr>
<tr><td>工作步骤
及要求</td><td>3. 简述水化稠化堵漏的操作步骤及技术要求</td></tr>
<tr><td>工作任务</td><td></td></tr>
<tr><td>注意事项</td><td></td></tr>
<tr><td>评价小结</td><td></td></tr>
</table>

考核评价表

评价内容		分值	权重
过程评价	井漏的原因（认知能力）	20	60%
	处理井漏的方法（技能）	40	
	方法能力考核（制定计划或报告能力）	15	
	职业素质考核（“5S”与出勤执行情况）	15	
	团队精神考核（团队成员平均成绩）	10	
期末考评	期末理论考试（联系生产实际问题、职业技能证书考核中的“应知”内容）	100	40%

教学评价页

专业：　　　　班级：　　　　项目负责人：　　　　20　　年　月　日

学习领域				
项目（课题）				
组长姓名		同组人		
项　次	内　　容	分　值	学生自评	老师评价
1				
2				
3				
4				
5				

学生工作页

专业：　　　　班级：　　　　　　　项目同组人：　　　　　　　20　　年　月　日

学习领域	钻井液的使用与维护	
学习情境 7	井下复杂情况的预防和处理	
工作任务 3	处理黏附卡钻	
工作要求	理论要求	掌握卡钻的类型及处理对策
	技能要求	识别卡钻的类型并掌握处理卡钻的方法
工作重点	处理黏附卡钻	
工作难点	黏附卡钻处理方法	
关键技能	卡点深度计算及解卡液的配制及使用	
操作要点	1. 计算卡点深度 2. 计算解卡剂用量 3. 用固井车将解卡剂打入卡点位置，并观察泵压变化	
注意事项	1. 进行钻井液固相控制应配合加入选择性絮凝剂 2. 卡点应找准并防止卡点上移 3. 在处理钻井液的基础上打入解卡剂 4. 解卡后防止开泵过猛和大幅度活动钻具 5. 侵泡一段时间后上下活动钻具仍不能解卡，可考虑重新泡解卡剂	
新课学习条件	理论基础	卡钻的类型及处理对策相关理论
	技能基础	润滑剂的使用，钻井液常规测定技能
新课内容	新课导入	播放视频或案例，导入新课
	工作步骤及要求	1. 卡钻主要有哪些类型？

新课内容	工作步骤及要求 工作任务	2. 不同类型卡钻的解卡措施是什么？ 3. 简述处理黏附卡钻的操作步骤和技术要求
	注意事项	
	评价小结	

考核评价表

评价内容		分值	权重
过程评价	卡钻的原因（认知能力）	20	60%
	处理黏附卡钻方法（技能）	40	
	方法能力考核（制定计划或报告能力）	15	
	职业素质考核（“5S”与出勤执行情况）	15	
	团队精神考核（团队成员平均成绩）	10	
期末考评	期末理论考试（联系生产实际问题，职业技能证书考核中的“应知”内容）	100	40%

教学评价页

专业：　　　　班级：　　　　　　项目负责人：　　　　　20　　年　月　日

学习领域				
项目（课题）				
组长姓名		同组人		
项　次	内　　容	分　值	学生自评	老师评价
1				
2				
3				
4				
5				

学生工作页

专业：　　　　班级：　　　　　　项目同组人：　　　　　　20　　年　月　日

学习领域	钻井液的使用与维护	
学习情境7	井下复杂情况的预防和处理	
工作任务4	处理盐水侵	
工作要求	理论要求	掌握盐水侵后钻井液的性能变化；盐水侵的处理方法
	技能要求	掌握处理盐水侵的方法
工作重点	处理盐水侵的方法	
工作难点	盐水侵后钻井液性能变化及处理方法	
关键技能	盐水侵后钻井液性能变化及处理方法	
操作要点	1. 观察并测定盐水侵后钻井液性能变化并进行分析 2. 处理盐水侵操作步骤	
注意事项	1. 加重钻井液时，应控制加重速度为每周密度上升不超过 0.05g/cm^3，直至压死盐水层 2. 钻井液黏度低于 18s 时，必须关井求压，配制加重钻井液，计算重钻井液密度时一定要准确，防止压不死或压漏地层 3. 钻井液应有一定的黏度、切力，以悬浮钻屑和加重材料 4. 处理淡水侵可提高钻井液密度，将水层压死处理盐水侵一方面要提高钻井液密度压死盐水层，同时还要用处理剂处理当水侵严重时，要注意防止井喷、井塌等事故	
新课学习条件	理论基础	盐水侵处理相关理论知识
	技能基础	常规钻井液性能测定技能
新课内容	新课导入	播放视频或案例，导入新课
	工作步骤及要求	1. 盐水侵后钻井液性能会发生哪些变化?

新课内容	工作步骤及要求	2. 如何处理盐水侵？有哪些技术要求？ 3. 盐水侵前钻井液性能 1）测量密度 数据记录：密度/（g/cm^3）： 2）测量漏斗黏度 数据记录：漏斗黏度/s： 3）测量 API 滤失量 数据记录：滤失量/mL： 4）测量 pH 值 数据记录：pH 值： 5）测定含砂量 数据记录和处理/% 6）钻井液流变参数的测定 数据记录和处理： ①塑性黏度/（mPa · s）： ②动切力/Pa： ③初切力/Pa： ④终切力/Pa： ⑤静切力/Pa： ⑥表观黏度/（mPa · s）： ⑦n： ⑧K/（$Pa \cdot s^n$）： ⑨动塑比/［Pa/（mPa · s）］： 7）钻井液膨润土含量的测定 数据记录： 膨润土含量/（g/L）： 4. 盐水侵后钻井液性能 1）测量密度 数据记录：密度/（g/cm^3）： 2）测量漏斗黏度 数据记录：漏斗黏度/s：

新课内容	工作步骤及要求	3）测量 API 滤失量 数据记录：滤失量/mL： 4）测量 pH 值 数据记录：pH 值： 5）测定含砂量 数据记录和处理/%： 6）钻井液流变参数的测定 数据记录和处理： ①塑性黏度/（mPa·s）： ②动切力/Pa： ③初切力/Pa： ④终切力/Pa： ⑤静切力/Pa： ⑥表观黏度/（mPa·s）： ⑦n： ⑧K/（$Pa \cdot s^n$）： ⑨动塑比/［Pa/（mPa·s）］： 7）钻井液膨润土含量的测定 数据记录： 膨润土含量/（g/L）： 5. 盐水侵处理后钻井液性能 1）测量密度 数据记录：密度/（g/cm^3）： 2）测量漏斗黏度 数据记录：漏斗黏度/s： 3）测量 API 滤失量 数据记录：滤失量/mL： 4）测量 pH 值 数据记录：pH 值： 5）测定含砂量 数据记录和处理/%：

新课内容	工作步骤及要求	6）钻井液流变参数的测定 数据记录和处理： ①塑性黏度/（mPa·s）：　②动切力/Pa： ③初切力/Pa：　④终切力/Pa： ⑤静切力/Pa：　⑥表观黏度/（mPa·s）： ⑦n：　⑧K/（Pa·s^n）： ⑨动塑比/［Pa/（mPa·s）］： 7）钻井液膨润土含量的测定 数据记录： 膨润土含量/（g/L）：
	工作任务	
	注意事项	
	评价小结	

考核评价表

评 价 内 容		分值	权重
过程评价	盐水侵后钻井液性能变化规律（认知能力）	20	60%
	处理盐水侵方法（技能）	40	
	方法能力考核（制定计划或报告能力）	15	
	职业素质考核（“5S”与出勤执行情况）	15	
	团队精神考核（团队成员平均成绩）	10	
期末考评	期末理论考试（联系生产实际问题、职业技能证书考核中的“应知”内容）	100	40%

教学评价页

专业：　　　　班级：　　　　项目负责人：　　　　20　　年　月　日

学习领域				
项目（课题）				
组长姓名		同组人		
项　次	内　　容	分　值	学生自评	老师评价
1				
2				
3				
4				
5				

学生工作页

专业：　　　　班级：　　　　　　项目同组人：　　　　　　20　　年　月　日

学习领域	钻井液的使用与维护	
学习情境 7	井下复杂情况的预防和处理	
工作任务 5	处理石膏侵	
工作要求	理论要求	掌握石膏侵后钻井液性能变化，石膏侵的处理方法
	技能要求	掌握处理石膏侵的方法
工作重点	处理石膏侵的方法	
工作难点	石膏侵后钻井液性能变化及处理方法	
关键技能	石膏侵后钻井液性能变化及处理方法	
操作要点	1. 观察并测定钻井液性能变化并进行分析 2. 处理石膏侵操作步骤	
注意事项	1. 处理时必须配合高碱比的稀释剂 2. 转化为钙处理钻井液时，必须处理彻底，使钻井液性能稳定，以防止井下复杂情况 3. 对大段石膏岩层不宜使用纯碱除钙，其原因是除钙的同时产生了可溶性的硫酸钠，使黏、切、滤失量、pH 值较低，故配合高碱比的混合剂进行处理，以免对钻井液和井眼产生不良影响	
新课学习条件	理论基础	处理石膏侵相关理论知识
	技能基础	钻井液常规性能测定技能
新课内容	新课导入	播放视频或案例，导入新课
	工作步骤及要求	1. 石膏侵后钻井液性能会发生哪些变化？

<table>
<tr>
<td>新课内容</td>
<td>工作步骤
及要求</td>
<td>2. 如何处理石膏侵？有哪些技术要求？

3. 石膏侵前钻井液性能
1）测量密度
数据记录：密度/（g/cm^3）：

2）测量漏斗黏度
数据记录：漏斗黏度/s：

3）测量 API 滤失量
数据记录：滤失量/mL：

4）测量 pH 值
数据记录：pH 值：

5）测定含砂量
数据记录和处理/%：

6）钻井液流变参数的测定
数据记录和处理：
①塑性黏度/（mPa·s）： ②动切力/Pa：
③初切力/Pa： ④终切力/Pa：
⑤静切力/Pa： ⑥表观黏度/（mPa·s）：
⑦n： ⑧K/（$Pa \cdot s^n$）：
⑨动塑比/［Pa/（mPa·s）］：

7）钻井液膨润土含量的测定
数据记录：
膨润土含量/（g/L）：

4. 石膏侵后钻井液性能
1）测量密度
数据记录：密度/（g/cm^3）：</td>
</tr>
</table>

新课内容	工作步骤及要求	2）测量漏斗黏度 数据记录：漏斗黏度/s： 3）测量 API 滤失量 数据记录：滤失量/mL： 4）测量 pH 值 数据记录：pH 值： 5）测定含砂量 数据记录和处理/%： 6）钻井液流变参数的测定 数据记录和处理： ①塑性黏度/（mPa·s）： ②动切力/Pa： ③初切力/Pa： ④终切力/Pa： ⑤静切力/Pa： ⑥表观黏度/（mPa·s）： ⑦n： ⑧K/（$Pa \cdot s^n$）： ⑨动塑比/［Pa/（mPa·s）］： 7）钻井液膨润土含量的测定 数据记录： 膨润土含量/（g/L）： 5. 石膏侵处理后钻井液性能 1）测量密度 数据记录：密度/（g/cm^3）： 2）测量漏斗黏度 数据记录：漏斗黏度/s： 3）测量 API 滤失量 数据记录：滤失量/mL： 4）测量 pH 值 数据记录：pH 值：

<table>
<tr><td rowspan="4">新课内容</td><td>工作步骤及要求</td><td>5）测定含砂量
数据记录和处理/%：

6）钻井液流变参数的测定
数据记录和处理：
①塑性黏度/（mPa·s）： ②动切力/Pa：
③初切力/Pa： ④终切力/Pa：
⑤静切力/Pa： ⑥表观黏度/（mPa·s）：
⑦n： ⑧K/（$Pa\cdot s^{n}$）：
⑨动塑比/［Pa/（mPa·s）］：

7）钻井液膨润土含量的测定
数据记录：
膨润土含量/（g/L）：</td></tr>
<tr><td>工作任务</td><td></td></tr>
<tr><td>注意事项</td><td></td></tr>
<tr><td>评价小结</td><td></td></tr>
</table>

考核评价表

评价内容		分值	权重
过程评价	石膏侵后钻井液性能变化规律（认知能力）	20	60%
	处理石膏侵方法（技能）	40	
	方法能力考核（制定计划或报告能力）	15	
	职业素质考核（“5S”与出勤执行情况）	15	
	团队精神考核（团队成员平均成绩）	10	
期末考评	期末理论考试（联系生产实际问题、职业技能证书考核中的“应知”内容）	100	40%

教学评价页

专业：　　　　　班级：　　　　　　　　项目负责人：　　　　　　20　　年　月　日

学习领域				
项目（课题）				
组长姓名		同组人		
项　次	内　　容	分　值	学生自评	老师评价
1				
2				
3				
4				
5				

学生工作页

专业：　　　　　班级：　　　　　　　　项目同组人：　　　　　　　20　　年　月　日

学习领域	钻井液的使用与维护	
学习情境 7	井下复杂情况的预防和处理	
工作任务 6	处理水泥侵	
工作要求	理论要求	掌握水泥侵后钻井液性能变化；水泥侵的处理方法
	技能要求	掌握处理水泥侵的方法
工作重点	处理水泥侵的方法	
工作难点	水泥侵后钻井液性能变化及处理方法	
关键技能	水泥侵后钻井液性能变化及处理方法	
操作要点	1. 观察并测定钻井液性能变化并进行分析 2. 处理水泥侵操作步骤	
注意事项	处理水泥侵时必须对水泥侵的程序进行了解，防止因处理不及时而使钻井液性能变坏或出现井下复杂情况	
新课学习条件	理论基础	水泥侵的相关理论知识
	技能基础	钻井液常规性能测定技能
新课内容	新课导入	播放视频或案例讲解，导入新课
	工作步骤及要求	1. 水泥侵后钻井液性能会发生哪些变化？ 2. 如何处理水泥侵？有哪些技术要求？

新课内容	工作步骤及要求	3. 水泥侵前钻井液性能 1）测量密度 数据记录：密度/（g/cm^3）： 2）测量漏斗黏度 数据记录：漏斗黏度/s： 3）测量 API 滤失量 数据记录：滤失量/mL： 4）测量 pH 值 数据记录：pH 值： 5）测定含砂量 数据记录和处理/%： 6）钻井液流变参数的测定 数据记录和处理： ①塑性黏度/（mPa · s）：　②动切力/Pa： ③初切力/Pa：　④终切力/Pa： ⑤静切力/Pa：　⑥表观黏度/（mPa · s）： ⑦n：　⑧K/（$Pa \cdot s^n$）： ⑨动塑比/［Pa/（mPa · s）］： 7）钻井液膨润土含量的测定 数据记录： 膨润土含量/（g/L）： 4. 水泥侵后钻井液性能 1）测量密度 数据记录：密度/（g/cm^3）： 2）测量漏斗黏度 数据记录：漏斗黏度/s：

新课内容	工作步骤 及要求	3）测量 API 滤失量 数据记录：滤失量/mL： 4）测量 pH 值 数据记录：pH 值： 5）测定含砂量 数据记录和处理/%： 6）钻井液流变参数的测定 数据记录和处理： ①塑性黏度/（mPa·s）： ②动切力/Pa： ③初切力/Pa： ④终切力/Pa： ⑤静切力/Pa： ⑥表观黏度/（mPa·s）： ⑦n： ⑧K/（Pa·s^n）： ⑨动塑比/［Pa/（mPa·s）］： 7）钻井液膨润土含量的测定 数据记录： 膨润土含量/（g/L）： 5. 水泥侵处理后钻井液性能 1）测量密度 数据记录：密度/（g/cm^3）： 2）测量漏斗黏度 数据记录：漏斗黏度/s： 3）测量 API 滤失量 数据记录：滤失量/mL： 4）测量 pH 值 数据记录：pH 值： 5）测定含砂量 数据记录和处理/%：

<table>
<tr><td rowspan="4">新课内容</td><td>工作步骤
及要求</td><td>6）钻井液流变参数的测定
数据记录和处理：
①塑性黏度/（mPa · s）： ②动切力/Pa：
③初切力/Pa： ④终切力/Pa：
⑤静切力/Pa： ⑥表观黏度/（mPa · s）：
⑦n： ⑧K/（$Pa \cdot s^n$）：
⑨动塑比/［Pa/（mPa · s）］：
7）钻井液膨润土含量的测定
数据记录：
膨润土含量/（g/L）：</td></tr>
<tr><td>工作任务</td><td></td></tr>
<tr><td>注意事项</td><td></td></tr>
<tr><td>评价小结</td><td></td></tr>
</table>

考核评价表

评价内容		分值	权重
过程评价	水泥侵后钻井液性能变化规律（认知能力）	20	60%
	处理水泥侵方法（技能）	40	
	方法能力考核（制定计划或报告能力）	15	
	职业素质考核（“5S”与出勤执行情况）	15	
	团队精神考核（团队成员平均成绩）	10	
期末考评	期末理论考试（联系生产实际问题、职业技能证书考核中的“应知”内容）	100	40%

教学评价页

专业：　　　　班级：　　　　项目负责人：　　　　20　　年　月　日

学习领域				
项目（课题）				
组长姓名		同组人		
项次	内容	分值	学生自评	老师评价
1				
2				
3				
4				
5				

学生工作页

专业：　　　　班级：　　　　项目同组人：　　　　20　　年　月　日

学习领域	钻井液的使用与维护	
学习情境7	井下复杂情况的预防和处理	
工作任务7	处理黏土侵后钻井液的密度和黏度	
工作要求	理论要求	掌握黏土侵后钻井液性能变化，黏土侵的处理方法
	技能要求	掌握处理黏土侵的方法
工作重点	处理黏土侵的方法	
工作难点	黏土侵后钻井液性能变化及处理方法	
关键技能	黏土侵后钻井液性能变化及处理方法	
操作要点	1. 观察并测定钻井液性能变化并进行分析 2. 处理黏土侵操作步骤	
注意事项	加水时应细水长流，并尽可能使加水量均匀，同时配合使用聚合物抑制剂，确保黏土含量达到设计要求	
新课学习条件	理论基础	处理黏土侵的相关理论知识
	技能基础	钻井液常规性能测定技能，固控设备使用技能
新课内容	新课导入	播放视频或讲解案例，导入新课
	工作步骤及要求	1. 黏土侵后钻井液性能会发生哪些变化？

新课内容	工作步骤及要求	2. 如何处理黏土侵？有哪些技术要求？ 3. 黏土侵前钻井液性能 1）测量密度 数据记录：密度/（g/cm^3）： 2）测量漏斗黏度 数据记录：漏斗黏度/s： 3）测量 API 滤失量 数据记录：滤失量/mL： 4）测量 pH 值 数据记录：pH 值： 5）测定含砂量 数据记录和处理/%： 6）钻井液流变参数的测定 数据记录和处理： ①塑性黏度/（mPa·s）：　②动切力/Pa： ③初切力/Pa：　④终切力/Pa： ⑤静切力/Pa：　⑥表观黏度/（mPa·s）： ⑦n：　⑧K/（$Pa\cdot s^n$）： ⑨动塑比/［Pa/（mPa·s）］： 7）钻井液膨润土含量的测定 数据记录： 膨润土含量/（g/L）： 4. 黏土侵后钻井液性能 1）测量密度 数据记录：密度/（g/cm^3）：

新课内容	工作步骤 及要求	2）测量漏斗黏度 数据记录：漏斗黏度/s： 3）测量 API 滤失量 数据记录：滤失量/mL： 4）测量 pH 值 数据记录：pH 值： 5）测定含砂量 数据记录和处理/%： 6）钻井液流变参数的测定 数据记录和处理： ①塑性黏度/（mPa·s）：　②动切力/Pa： ③初切力/Pa：　④终切力/Pa： ⑤静切力/Pa：　⑥表观黏度/（mPa·s）： ⑦n：　⑧K/（$Pa\cdot s^n$）： ⑨动塑比/［Pa/（mPa·s）］： 7）钻井液膨润土含量的测定 数据记录： 膨润土含量/（g/L）： 5. 黏土侵处理后钻井液性能 1）测量密度 数据记录：密度/（g/cm^3）： 2）测量漏斗黏度 数据记录：漏斗黏度/s： 3）测量 API 滤失量 数据记录：滤失量/mL： 4）测量 pH 值 数据记录：pH 值：

<table>
<tr><td rowspan="4">新课内容</td><td>工作步骤
及要求</td><td>5）测定含砂量
数据记录和处理/%：

6）钻井液流变参数的测定
数据记录和处理：
①塑性黏度/（mPa·s）：　②动切力/Pa：
③初切力/Pa：　④终切力/Pa：
⑤静切力/Pa：　⑥表观黏度/（mPa·s）：
⑦n：　⑧K/（Pa·s^n）：
⑨动塑比/［Pa/（mPa·s）］：

7）钻井液膨润土含量的测定
数据记录：
膨润土含量/（g/L）：</td></tr>
<tr><td>工作任务</td><td></td></tr>
<tr><td>注意事项</td><td></td></tr>
<tr><td>评价小结</td><td></td></tr>
</table>

考核评价表

评价内容		分值	权重
过程评价	黏土侵后钻井液性能变化规律（认知能力）	20	60%
	处理黏土侵方法（技能）	40	
	方法能力考核（制定计划或报告能力）	15	
	职业素质考核（“5S”与出勤执行情况）	15	
	团队精神考核（团队成员平均成绩）	10	
期末考评	期末理论考试（联系生产实际问题、职业技能证书考核中的“应知”内容）	100	40%

教学评价页

专业：　　　　班级：　　　　　　项目负责人：　　　　　　20　　年　月　日

学习领域				
项目（课题）				
组长姓名		同组人		
项　次	内　　容	分　值	学生自评	老师评价
1				
2				
3				
4				
5				

学生工作页

专业：　　　　班级：　　　　项目同组人：　　　　20　　年　月　日

学习领域	钻井液的使用与维护	
学习情境 7	井下复杂情况的预防和处理	
工作任务 8	处理 H_2S	
工作要求	理论要求	掌握 H_2S 侵后钻井液性能变化特征；H_2S 侵的处理方法
	技能要求	掌握处理 II_2S 侵的方法
工作重点	H_2S 特点及气侵后钻井液的性能变化	
工作难点	H_2S 侵后钻井液的性能变化及处理方法	
关键技能	H_2S 处理量计算	
操作要点	1. 观察并测定气侵钻井液性能变化并进行分析 2. 处理 H_2S 侵操作步骤	
注意事项	1. 加重不要太快，防止压漏地层，出现井喷事故 2. 加熟石灰、碱式碳酸锌时必须配合稀释剂进行处理 3. H_2S 对钻井液性能有破坏，单加碱式碳酸锌不能使钻井液性能有所改善，应配合高碱比稀释剂进行处理，使 H_2S 气体及时排出或生成水和盐	
新课学习条件	理论基础	H_2S 特点及气侵处理方法
	技能基础	高中化学知识
新课内容	新课导入	播放视频或案例讲解，导入新课
	工作步骤及要求	1. H_2S 侵后钻井液性能会发生哪些变化？

新课内容	工作步骤及要求	2. 如何处理 H_2S 侵？有哪些技术要求？
	工作任务	
	注意事项	
	评价小结	

考核评价表

评 价 内 容		分值	权重
过程评价	H_2S 侵后钻井液性能变化规律（认知能力）	20	60%
	处理 H_2S 侵方法（技能）	40	
	方法能力考核（制定计划或报告能力）	15	
	职业素质考核（“5S”与出勤执行情况）	15	
	团队精神考核（团队成员平均成绩）	10	
期末考评	期末理论考试（联系生产实际问题、职业技能证书考核中的“应知”内容）	100	40%

教学评价页

专业：　　　　班级：　　　　　　项目负责人：　　　　　　20　　年　月　日

学习领域				
项目（课题）				
组长姓名		同组人		
项　次	内　　容	分　值	学生自评	老师评价
1				
2				
3				
4				
5				

学生工作页

专业：　　　班级：　　　项目同组人：　　　20　　年　月　日

<table>
<tr><td>学习领域</td><td colspan="2">钻井液的使用与维护</td></tr>
<tr><td>学习情境8</td><td colspan="2">保护油气层钻井液技术</td></tr>
<tr><td>工作任务1</td><td colspan="2">配制使用钻开油气层前的钻井液</td></tr>
<tr><td rowspan="2">工作要求</td><td>理论要求</td><td>掌握油气层伤害概论，油气层伤害的原因和机理</td></tr>
<tr><td>技能要求</td><td>油气层伤害的原因和机理分析</td></tr>
<tr><td>工作重点</td><td colspan="2">油气层伤害的原因分析</td></tr>
<tr><td>工作难点</td><td colspan="2">配制使用钻开油气层前的钻井液</td></tr>
<tr><td>关键技能</td><td colspan="2">钻开油气层前对钻井液性能要求</td></tr>
<tr><td>操作要点</td><td colspan="2">配制使用钻开油气层前的钻井液要点</td></tr>
<tr><td>注意事项</td><td colspan="2">1. 对邻井资料的分析必须准确
2. 配浆各用量要准确，其中烧碱必须足够，以便侵入少量的油乳化于钻井液中，使钻井液具有较好的抗油污能力</td></tr>
<tr><td rowspan="2">新课学习条件</td><td>理论基础</td><td>油气层伤害的原因及相关理论知识</td></tr>
<tr><td>技能基础</td><td>钻井液常规性能测定技能</td></tr>
<tr><td>新课内容</td><td>工作步骤及要求</td><td>1. 油气层伤害机理有哪些？</td></tr>
</table>

新课内容	工作步骤及要求	2. 简述配制使用钻开油气层前的钻井液步骤 3. 钻开油气层前钻井液性能 1）测量密度 数据记录：密度/（g/cm^3）： 2）测量漏斗黏度 数据记录：漏斗黏度/s： 3）测量 API 滤失量 数据记录：滤失量/mL： 4）测量 pH 值 数据记录：pH 值： 5）测定含砂量 数据记录和处理/%： 6）钻井液流变参数的测定 数据记录和处理： ①塑性黏度/（mPa·s）： ②动切力/Pa： ③初切力/Pa： ④终切力/Pa： ⑤静切力/Pa： ⑥表观黏度/（mPa·s）： ⑦n： ⑧K/（$Pa\cdot s^n$）： ⑨动塑比/［Pa/（mPa·s）］： 7）钻井液膨润土含量的测定 数据记录： 膨润土含量/（g/L）： 4. 调整后钻开油气层的钻井液性能 1）测量密度 数据记录：密度/（g/cm^3）：

新课内容	工作步骤及要求	2）测量漏斗黏度 数据记录：漏斗黏度/s： 3）测量 API 滤失量 数据记录：滤失量/mL： 4）测量 pH 值 数据记录：pH 值： 5）测定含砂量 数据记录和处理/%： 6）钻井液流变参数的测定 数据记录和处理： ①塑性黏度/（mPa·s）：　②动切力/Pa： ③初切力/Pa：　④终切力/Pa： ⑤静切力/Pa：　⑥表观黏度/（mPa·s）： ⑦n：　⑧K/（Pa·s^n）： ⑨动塑比/［Pa/（mPa·s）］： 7）钻井液膨润土含量的测定 数据记录： 膨润土含量/（g/L）：
	工作任务	
	注意事项	
	评价小结	

考核评价表

<table>
<tr><td colspan="2">评 价 内 容</td><td>分值</td><td>权重</td></tr>
<tr><td rowspan="5">过程评价</td><td>油气层伤害概念和机理及相关计算（认知能力和计算能力）</td><td>20</td><td rowspan="5">60%</td></tr>
<tr><td>配制使用钻开油气层前的钻井液（操作技能）</td><td>40</td></tr>
<tr><td>方法能力考核（制定计划或报告能力）</td><td>15</td></tr>
<tr><td>职业素质考核（“5S”与出勤执行情况）</td><td>15</td></tr>
<tr><td>团队精神考核（团队成员平均成绩）</td><td>10</td></tr>
<tr><td>期末考评</td><td>期末理论考试（联系生产实际问题、职业技能证书考核中的“应知”内容）</td><td>100</td><td>40%</td></tr>
</table>

教学评价页

专业：　　　　　班级：　　　　　　　　项目负责人：　　　　　　　　20　　年　月　日

<table>
<tr><td>学习领域</td><td colspan="5"></td></tr>
<tr><td>项目（课题）</td><td colspan="5"></td></tr>
<tr><td>组长姓名</td><td></td><td>同组人</td><td></td><td></td><td></td></tr>
<tr><td>项　次</td><td colspan="2">内　　容</td><td>分　值</td><td>学生自评</td><td>老师评价</td></tr>
<tr><td>1</td><td colspan="2"></td><td></td><td></td><td></td></tr>
<tr><td>2</td><td colspan="2"></td><td></td><td></td><td></td></tr>
<tr><td>3</td><td colspan="2"></td><td></td><td></td><td></td></tr>
<tr><td>4</td><td colspan="2"></td><td></td><td></td><td></td></tr>
<tr><td>5</td><td colspan="2"></td><td></td><td></td><td></td></tr>
<tr><td></td><td colspan="2"></td><td></td><td></td><td></td></tr>
<tr><td></td><td colspan="2"></td><td></td><td></td><td></td></tr>
<tr><td></td><td colspan="2"></td><td></td><td></td><td></td></tr>
<tr><td></td><td colspan="2"></td><td></td><td></td><td></td></tr>
<tr><td></td><td colspan="2"></td><td></td><td></td><td></td></tr>
</table>

学生工作页

专业：　　　　班级：　　　　　　项目同组人：　　　　　　20　　年　月　日

学习领域	钻井液的使用与维护	
学习情境 8	保护油气层钻井液技术	
工作任务 2	维护处理钻开油气层钻井液	
工作要求	理论要求	掌握维护处理钻开油气层钻井液的相关理论
	技能要求	掌握维护处理钻开油气层钻井液的方法
工作重点	维护处理钻开油气层钻井液	
工作难点	维护处理钻开油气层钻井液操作步骤	
关键技能	维护处理钻开油气层钻井液操作步骤	
操作要点	1. 设计钻井液加重的钻井液维护方案 2. 储备高密度的钻井液 3. 注意加重速度	
注意事项	1. 在钻开油气层前 50m 对钻井液进行性能调整 2. 提高 pH 值在 11 以上有利于原油乳化 3. 加重材料的储备必须充足，一般准备重钻井液 2 罐，特殊情况需 4 罐 4. 重钻井液储备量约 $80m^3$，密度为地质设计的上限 5. 加重密度必须达到设计要求，加重以后设计密度不低于规定的下限，并观察钻井液是否均匀，同时经常注意观察油气显示	
新课学习条件	理论基础	保护油气层钻井液技术的相关理论知识
	技能基础	钻井液常规性能测定技能
新课内容	新课导入	播放视频或讲解案例，导入新课
	工作步骤及要求	1. 简述维护处理钻开油气层钻井液的操作步骤

新课内容	工作步骤及要求	2. 简述维护处理钻开油气层钻井液的要求 3. 钻开油气层前钻井液性能 1）测量密度 数据记录：密度/（g/cm^3）： 2）测量漏斗黏度 数据记录：漏斗黏度/s： 3）测量 API 滤失量 数据记录：滤失量/mL： 4）测量 pH 值 数据记录：pH 值： 5）测定含砂量 数据记录和处理/%： 6）钻井液流变参数的测定 数据记录和处理： ①塑性黏度/（mPa·s）： ②动切力/Pa： ③初切力/Pa： ④终切力/Pa： ⑤静切力/Pa： ⑥表观黏度/（mPa·s）： ⑦n： ⑧K/（$Pa \cdot s^n$）： ⑨动塑比/［Pa/（mPa·s）］： 7）钻井液膨润土含量的测定 数据记录： 膨润土含量/（g/L）：

新课内容	工作步骤及要求	4. 调整后钻开油气层的钻井液性能 1）测量密度 数据记录：密度/（g/cm^3）： 2）测量漏斗黏度 数据记录：漏斗黏度/s： 3）测量 API 滤失量 数据记录：滤失量/mL： 4）测量 pH 值 数据记录：pH 值： 5）测定含砂量 数据记录和处理/%： 6）钻井液流变参数的测定 数据记录和处理： ①塑性黏度/（mPa·s）： ②动切力/Pa： ③初切力/Pa： ④终切力/Pa： ⑤静切力/Pa： ⑥表观黏度/（mPa·s）： ⑦n： ⑧K/（$Pa \cdot s^n$）： ⑨动塑比/［Pa/（mPa·s）］： 7）钻井液膨润土含量的测定 数据记录： 膨润土含量/（g/L）：
	工作任务	
	注意事项	
	评价小结	

考核评价表

评 价 内 容		分值	权重
过程评价	维护处理钻开油气层钻井液的方法（认知能力）	20	60%
	维护处理钻开油气层钻井液的操作步骤（操作能力）	40	
	方法能力考核（制定计划或报告能力）	15	
	职业素质考核（“5S”与出勤执行情况）	15	
	团队精神考核（团队成员平均成绩）	10	
期末考评	期末理论考试（联系生产实际问题、职业技能证书考核中的“应知”内容）	100	40%

教学评价页

专业：　　　　班级：　　　　项目负责人：　　　　20　　年　月　日

学习领域				
项目（课题）				
组长姓名		同组人		
项　次	内　　容	分　值	学生自评	老师评价
1				
2				
3				
4				
5				

学生工作页

专业： 班级： 项目同组人： 20 年 月 日

<table>
<tr><td>学习领域</td><td colspan="2">钻井液的使用与维护</td></tr>
<tr><td>学习情境 8</td><td colspan="2">保护油气层钻井液技术</td></tr>
<tr><td>工作任务 3</td><td colspan="2">处理完井钻井液</td></tr>
<tr><td rowspan="2">工作要求</td><td>理论要求</td><td>掌握处理完井液技术的相关理论</td></tr>
<tr><td>技能要求</td><td>掌握处理完井液的操作步骤和技术要求</td></tr>
<tr><td>工作重点</td><td colspan="2">处理完井液的技术要求</td></tr>
<tr><td>工作难点</td><td colspan="2">处理完井液的操作步骤和技术要求</td></tr>
<tr><td>关键技能</td><td colspan="2">处理完井液的操作步骤</td></tr>
<tr><td>操作要点</td><td colspan="2">调控钻井液性能</td></tr>
<tr><td>注意事项</td><td colspan="2">1. 钻井液的滤失量小于 5mL，最大不超过 8mL，滤饼要薄、坚韧、致密
2. 泥饼摩擦系数要小于 0.2，pH 值大于 10，切力应尽量低（指下套管以后）</td></tr>
<tr><td rowspan="2">新课学习条件</td><td>理论基础</td><td>处理完井液的相关理论知识</td></tr>
<tr><td>技能基础</td><td>钻井液常规性能测定技能</td></tr>
<tr><td rowspan="2">新课内容</td><td>新课导入</td><td>播放视频或讲解案例，导入新课</td></tr>
<tr><td>工作步骤及要求</td><td>1. 简述处理完井液的操作步骤

2. 简述处理完井液的技术要求</td></tr>
</table>

新课内容	工作步骤及要求	3. 处理前完井液性能 1）测量密度 数据记录：密度/（g/cm^3）： 2）测量漏斗黏度 数据记录：漏斗黏度/s： 3）测量 API 滤失量 数据记录：滤失量/mL： 4）测量 pH 值 数据记录：pH 值： 5）测定含砂量 数据记录和处理/%： 6）钻井液流变参数的测定 数据记录和处理： ①塑性黏度/（mPa·s）： ②动切力/Pa： ③初切力/Pa： ④终切力/Pa： ⑤静切力/Pa： ⑥表观黏度/（mPa·s）： ⑦n： ⑧K/（$Pa \cdot s^n$）： ⑨动塑比/［Pa/（mPa·s）］： 7）钻井液膨润土含量的测定 数据记录： 膨润土含量/（g/L）： 4. 处理后完井液性能 1）测量密度 数据记录：密度/（g/cm^3）： 2）测量漏斗黏度 数据记录：漏斗黏度/s：

新课内容	工作步骤及要求	3）测量 API 滤失量 数据记录：滤失量/mL： 4）测量 pH 值 数据记录：pH 值： 5）测定含砂量 数据记录和处理/%： 6）钻井液流变参数的测定 数据记录和处理： ①塑性黏度/（mPa·s）： ②动切力/Pa： ③初切力/Pa： ④终切力/Pa： ⑤静切力/Pa： ⑥表观黏度/（mPa·s）： ⑦n： ⑧K/（$\mathrm{Pa\cdot s}^n$）： ⑨动塑比/［Pa/（mPa·s）］： 7）钻井液膨润土含量的测定 数据记录： 膨润土含量/（g/L）：
	工作任务	
	注意事项	
	评价小结	

考核评价表

评 价 内 容		分值	权重
过程评价	处理完井液的技术方法（认知能力）	20	60%
	处理完井液的操作（技能水平、操作规范）	40	
	方法能力考核（制定计划或报告能力）	15	
	职业素质考核（“5S”与出勤执行情况）	15	
	团队精神考核（团队成员平均成绩）	10	
期末考评	期末理论考试（联系生产实际问题、职业技能证书考核中的“应知”内容）	100	40%

教学评价页

专业：　　　　班级：　　　　项目负责人：　　　　20　　年　月　日

学习领域				
项目（课题）				
组长姓名		同组人		
项　次	内　　容	分　值	学生自评	老师评价
1				
2				
3				
4				
5				

学生工作页

专业：　　　　　班级：　　　　　　　　项目同组人：　　　　　　　　20　　年　月　日

学习领域	钻井液的使用与维护	
学习情境 8	保护油气层钻井液技术	
工作任务 4	处理油气侵后钻井液性能	
工作要求	理论要求	掌握油气侵后钻井液性能的变化规律
	技能要求	掌握处理油气侵后钻井液性能操作
工作重点	处理油气侵后钻井液性能操作	
工作难点	处理油气侵后钻井液性能的变化规律	
关键技能	加重，除气，加入适量乳化剂	
操作要点	加重，除气	
注意事项	1. 油气侵较为严重时，钻井液中气泡很多，除气不及时会出现加重钻井液密度上升困难，或出现测量不准确现象应充分搅拌钻井液，降低钻井液黏度、切力，彻底除气后方可注入井内 2. 细观察，加重速度以每个循环周增加 0.05g/cm^3	
新课学习条件	理论基础	处理油气侵后钻井液的相关理论知识
	技能基础	钻井液常规测定性能技能
新课内容	新课导入	播放视频，引出保护油气层油基钻井液
	工作步骤及要求	1. 油气侵后钻井液性能会发生哪些变化？ 2. 简述处理油气侵后钻井液性能操作步骤及技术要求

新课内容	工作步骤 及要求	3. 油气侵前钻井液性能 1）测量密度 数据记录：密度/（g/cm^3）： 2）测量漏斗黏度 数据记录：漏斗黏度/s： 3）测量 API 滤失量 数据记录：滤失量/mL： 4）测量 pH 值 数据记录：pH 值： 5）测定含砂量 数据记录和处理/%： 6）钻井液流变参数的测定 数据记录和处理： ①塑性黏度/（mPa·s）：　②动切力/Pa： ③初切力/Pa：　④终切力/Pa： ⑤静切力/Pa：　⑥表观黏度/（mPa·s）： ⑦n：　⑧K/（$Pa \cdot s^n$）： ⑨动塑比/［Pa/（mPa·s）］： 7）钻井液膨润土含量的测定 数据记录： 膨润土含量/（g/L）： 4. 油气侵后钻井液性能 1）测量密度 数据记录：密度/（g/cm^3）： 2）测量漏斗黏度 数据记录：漏斗黏度/s：

新课内容	工作步骤及要求	3）测量 API 滤失量 数据记录：滤失量/mL： 4）测量 pH 值 数据记录：pH 值： 5）测定含砂量 数据记录和处理/%： 6）钻井液流变参数的测定 数据记录和处理： ①塑性黏度/（mPa·s）：　②动切力/Pa： ③初切力/Pa：　④终切力/Pa： ⑤静切力/Pa：　⑥表观黏度/（mPa·s）： ⑦n：　⑧K/（Pa·s^n）： ⑨动塑比/［Pa/（mPa·s）］： 7）钻井液膨润土含量的测定 数据记录： 膨润土含量/（g/L）： 5. 处理油气侵后钻井液性能 1）测量密度 数据记录：密度/（g/cm^3）： 2）测量漏斗黏度 数据记录：漏斗黏度/s： 3）测量 API 滤失量 数据记录：滤失量/mL： 4）测量 pH 值 数据记录：pH 值： 5）测定含砂量 数据记录和处理/%：

<table>
<tr><td rowspan="4">新课内容</td><td>工作步骤及要求</td><td>6）钻井液流变参数的测定
数据记录和处理：
①塑性黏度/（mPa·s）：　②动切力/Pa：
③初切力/Pa：　④终切力/Pa：
⑤静切力/Pa：　⑥表观黏度/（mPa·s）：
⑦n：　⑧K/（Pa·s^n）：
⑨动塑比/［Pa/（mPa·s）］：

7）钻井液膨润土含量的测定
数据记录：
膨润土含量/（g/L）：</td></tr>
<tr><td>工作任务</td><td></td></tr>
<tr><td>注意事项</td><td></td></tr>
<tr><td>评价小结</td><td></td></tr>
</table>

考核评价表

<table>
<tr><td colspan="2">评 价 内 容</td><td>分值</td><td>权重</td></tr>
<tr><td rowspan="5">过程评价</td><td>油气侵后钻井液性能变化规律（认知能力）</td><td>20</td><td rowspan="5">60%</td></tr>
<tr><td>处理油气侵后钻井液性能（技能水平、操作规范）</td><td>40</td></tr>
<tr><td>方法能力考核（制定计划或报告能力）</td><td>15</td></tr>
<tr><td>职业素质考核（“5S”与出勤执行情况）</td><td>15</td></tr>
<tr><td>团队精神考核（团队成员平均成绩）</td><td>10</td></tr>
<tr><td>期末考评</td><td>期末理论考试（联系生产实际问题、职业技能证书考核中的“应知”内容）</td><td>100</td><td>40%</td></tr>
</table>

教学评价页

专业：　　　　班级：　　　　　项目负责人：　　　　　20　　年　月　日

<table>
<tr><td>学习领域</td><td colspan="4"></td></tr>
<tr><td>项目（课题）</td><td colspan="4"></td></tr>
<tr><td>组长姓名</td><td></td><td>同组人</td><td></td><td></td></tr>
<tr><td>项　次</td><td>内　　容</td><td>分　值</td><td>学生自评</td><td>老师评价</td></tr>
<tr><td>1</td><td></td><td></td><td></td><td></td></tr>
<tr><td>2</td><td></td><td></td><td></td><td></td></tr>
<tr><td>3</td><td></td><td></td><td></td><td></td></tr>
<tr><td>4</td><td></td><td></td><td></td><td></td></tr>
<tr><td>5</td><td></td><td></td><td></td><td></td></tr>
<tr><td></td><td></td><td></td><td></td><td></td></tr>
<tr><td></td><td></td><td></td><td></td><td></td></tr>
<tr><td></td><td></td><td></td><td></td><td></td></tr>
<tr><td></td><td></td><td></td><td></td><td></td></tr>
<tr><td></td><td></td><td></td><td></td><td></td></tr>
</table>